自然科学通识系列

U0134172

碰撞吧分子

走进化学反应的奇妙世界

[日]斋藤胜裕　著

王梦实　译

机械工业出版社

CHINA MACHINE PRESS

在我们的日常生活中，无数化学反应在不经意间发生，塑造着我们周围的世界。有些带来了便利与奇迹，如自热火锅；而另一些却隐藏着潜在的危险，如家用化学品的不当混合也可能引发意外。本书以深入浅出的方式，揭示了一些化学反应的原理及其应用。你将了解到身边许多常见的现象背后都有化学反应的身影，同时学会对潜在的危险反应保持警觉心。本书将成为你探索化学世界的启蒙指南，让你重新审视日常生活，从化学的角度发现其中的美妙与挑战。无论是对科学知识的追求，还是对个人安全的关切，你都能在本书中找到有趣而有益的启示。

HONTOU WA OMOSHIROI KAGAKUHANNOU

Copyright © 2015 Katsuhiro Saito

Original Japanese edition published by SB Creative Corp.

Simplified Chinese translation rights arranged with SB Creative Corp.,
through Shanghai To-Asia Culture Co., Ltd.

北京市版权局著作权合同登记　图字：01-2021-7550号。

图书在版编目（CIP）数据

碰撞吧分子：走进化学反应的奇妙世界 /（日）斎藤胜裕著；
王梦实译. — 北京：机械工业出版社，2023.12
（自然科学通识系列）
ISBN 978-7-111-73922-7

Ⅰ.①碰… Ⅱ.①斎… ②王… Ⅲ.①化学反应 – 普及读物
Ⅳ.①O643.19-49

中国国家版本馆CIP数据核字（2023）第184582号

机械工业出版社（北京市百万庄大街22号　邮政编码100037）
策划编辑：蔡　浩　　　　　　责任编辑：蔡　浩
责任校对：李小宝　薄萌钰　　责任印制：张　博
北京华联印刷有限公司印刷
2024年1月第1版第1次印刷
130mm × 184mm · 6.375印张 · 141千字
标准书号：ISBN 978-7-111-73922-7
定价：49.00元

电话服务　　　　　　　　　　网络服务
客服电话：010-88361066　　　机　工　官　网：www.cmpbook.com
　　　　　010-88379833　　　机　工　官　博：weibo.com/cmp1952
　　　　　010-68326294　　　金　书　网：www.golden-book.com
封底无防伪标均为盗版　　　　机工教育服务网：www.cmpedu.com

前　言

　　本书将以生动有趣的漫画和通俗易懂的文字来阐释生活中的化学反应。这些化学反应是如何进行的？为什么有些会导致危险发生？它们在日常生活中又是如何发挥重要作用的？

　　本书是从普通大众，而非化学家的视角来看待化学反应的。这绝不是一本化学参考书，更不是一本化学教材。

　　因此，本书除了讲述化学反应外，也会包含其他科普书中鲜有提及的、与化学关系稍远的冷知识，例如某个化学反应在发现过程中的内幕或小故事，某个化学反应给人类社会带来的收益和贡献，甚至是出乎意料的风险和危机。

　　有些读者看到书名中的"化学反应"就犯怵了，其实完全不用担心，这本书里涉及的都是些简单至极的反应。事实上，很多重要的反应本质上都是由简单的化学变化构成的，例如生活中常见的烧烤、炉火取暖和火力发电，它们归根结底都属于同一类化学反应，也就是碳的燃烧反应：

$$C + O_2 \rightarrow CO_2$$
碳　　氧气　　二氧化碳

除了写出这个化学方程式之外，我们还要思考：含碳的化石燃料还能供我们使用多久？燃烧排放出来的二氧化碳我们又该如何处置呢？一个简单的化学反应背后可以引申出许多值得讨论的问题。

除了碳的燃烧，我们再来看另一个故事。我们的小小地球养活了 70 多亿人[一]，各地农民的勤苦劳动自不必说，化学肥料的重要性也是不言而喻的。制作氮肥的基础化学反应十分简单：

$$N_2 + 3H_2 \rightarrow 2NH_3$$
氮气　　氢气　　氨气

但是，为了促进该反应的发生，不仅需要大量能量来维持，还要源源不断地提供氢气作为反应原料。

这就体现出化学反应的一个重要方面。我们一般认为，化学反应指的就是一种或几种分子变成其他分子的过程，例如在上面的反应中，氮分子和氢分子化合变成了氨分子。但是，物质变化只是化学反应的一个方面。

如果我们撕开一片暖宝宝贴，它会产生热量，一下子就变热了；而当我们拿出一包化学冰袋时，它会吸收热量，让我们觉得很冷。

因此，化学反应的另一个重要的方面就是热量的

[一] 2022 年 11 月 15 日，联合国宣布，世界人口达到 80 亿。——编者注

释放与吸收，即能量变化。现代社会已步入能源社会的时代，化学反应的能量变化这一方面也变得越来越重要。

此外，提到化学反应，人们常想到的是危险与事故。这其实多少有点误解了，并不是所有化学反应都具有危险性。我们人体内每时每刻都在进行着化学反应，如果认为化学反应都是危险的，那所有生物都无法存续下去了。

事实上，很多化学反应并不危险，还对人类社会有益呢。但我们也要对少部分危险的化学反应保持警惕，如果不注意的话，它们可能会在不知不觉中酿成事故。当代生活中，大量不同种类的化学品走进了千家万户，甚至你可能完全没有意识到身边的一些日常用品就是危险的化学品。

综上所述，化学反应有很多方面，本书尽可能将这些方面都包含进来。读者朋友，如果你能以轻松愉快的方式阅读本书，享受化学反应的乐趣，那正合我写作的本意。

最后，本书得以问世离不开编辑中右文德先生和插画家土田菜摘女士的努力和付出，在此表示感谢。

斋藤胜裕

2015 年 3 月

目　录

第3章 环境与化学反应

第4章　推动人类社会进步的化学反应 ⋯⋯⋯⋯⋯ 139

第5章　暗藏危险的化学反应 ⋯⋯⋯⋯⋯⋯⋯ 183

角色介绍

卡尔

工作中需要用到化学知识的新职员，有时会心急，但大部分时候很悠闲。

阿美

精通化学的神秘天才少女，总是戴着一副猫耳头饰。

摩尔

卡尔的宠物鼠，总是很小心翼翼，跟阿美关系不合哦。

什么是化学方程式

这本书试图通过化学反应来考察物质的化学性质，并思考化学反应的意义及其对社会和自然界的影响，上述问题通过化学方程式便能一探究竟。大多数化学方程式总是简洁易懂的，学会如何看一个化学方程式对我们后面的阅读是大有帮助的。

● 用箭头（→）来表达化学方程式

化学方程式，或称化学反应方程式，在一般情况下由左右两部分组成，中间有一个向右的箭头（→）。左边是化学反应发生前的物质，也就是化学反应的原料，一般称为反应物。与此相对，右边是发生化学反应后的物质，被称为生成物或产物。

图0-1　反应物和生成物

反应物　　　　　　　　　　　　生成物

例如，氢气（H_2）和氧气（O_2）反应生成水（H_2O）的化学方程式如下所示：

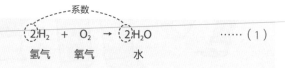

$$2H_2 + O_2 \rightarrow 2H_2O \qquad \cdots\cdots (1)$$

氢气　　氧气　　　　水

这里，写在化学式（H_2、H_2O）前面的数字"2"称为系数，表示参与反应的分子数量。

在生成水的反应中，作为反应物的氢气和氧气发生单一固定的化学反应，只生成一种产物：水。因此，化学方程式左右两边的原子种类和个数是完全相同的。但是，化学反应并不总是这样进行的。

例如，在碳的燃烧反应中，随着氧气的浓度不同，可能同时产生一氧化碳（CO）和二氧化碳（CO_2）两种产物，如下所示：

$$C + O_2 \rightarrow CO + CO_2 \qquad \cdots\cdots (2)$$
碳　　氧气　　一氧化碳　二氧化碳

这也正是我们在写化学方程式时大部分情况下用箭头（→）而非等号（=）的原因了。[注]

● 用等号（=）来表达热化学方程式

实际上，在化学方程式中较少使用等号（=）还有一个理由，那就是化学方程式并不能表现出化学反应的全部内涵。

式（1）表示氢气和氧气发生化学反应生成水的过程，这仅仅是化学反应中物质变化的表现形式。

然而，该化学反应产生的变化远不止这些。氢气和氧气的燃烧是剧烈的爆炸过程，同时释放出大量的能量[注]。也就是说，该反应的产物不只有水，还有能量。因此也就出现了下面这个式子：

⊖ 我国中学教材中一般用等号书写配平的化学方程式。——编者注

⊖ 化学反应过程中所释放或吸收的能量都可以用热量来表述，称为反应热或焓变，符号为 ΔH，单位常采用千焦/摩。——编者注

$$2H_2 (g) + O_2 (g) = 2H_2O (l) \quad \Delta H = -571.6\text{千焦/摩} \cdots\cdots (3)$$

氢气　　　　氧气　　　　水　　　　　能量
（气态）　　（气态）　　（液态）

这样的表达方式既体现了物质变化，又体现了能量变化，因此可以用等号（=）来连接。上述式子就是热化学方程式。

● 化学反应总是伴随着能量变化

之所以提到热化学方程式，是希望大家都能注意到，化学反应绝不仅仅是物质变化，同时伴随着能量变化。有些反应会发热，有些会发光。相反，也有吸热的化学反应使得周围环境变冷。毫不夸张地说，对一个化学反应来说，能量变化与物质变化同等重要。

图0-2　化学反应伴随能量变化

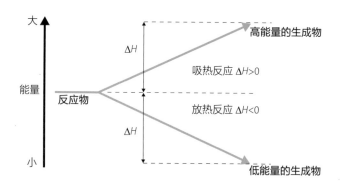

第 1 章

备受关注的
热门化学反应

我们的世界皆由物质组成，而研究物质的性质、组成、结构、变化和应用的科学就是化学。因此，化学存在于我们日常生活中的方方面面，几乎每天都会发生与化学相关的新闻事件。化石燃料、太阳能电池、新药研发、食品添加剂、塑料问题等，都直接关系到社会发展和大众生活。面对上述这些新闻热点话题，我们该如何从化学反应的角度去思考呢？

1-1 为什么化石燃料的燃烧会导致全球变暖?

近年来,关于化石燃料和绿色能源的新闻报道越来越多,主要集中在两方面:一是化石燃料的储量接近枯竭,二是化石燃料燃烧后产生的废弃物如何处理。化石燃料燃烧废弃物的主体是二氧化碳,由此而导致的温室效应已逐渐成为不容忽视的环境问题。

● 为什么化石燃料会枯竭呢?

化石燃料,顾名思义就是"从生物化石转变而来的可燃物质"。化石燃料主要包括煤炭、石油、天然气等传统能源。最近,关于可燃冰、页岩气、页岩油、油砂、煤层气等新的替代能源的讨论也愈加广泛,这些能源在本质上都属于天然气或石油,即同属于化石燃料。

如果说化石燃料是由远古生物的遗体转变而来的,那就不可能取之不尽用之不竭了。目前可供人类使用的化石燃料的量被称为"可采储量"。各国的化石燃料可采储量不同,但最多也只够开采数百年。这里要注意的是,可采储量并不代表这种燃料的真实储量。

"可采"意味着当下可以被开采出来的储量。换言之,如果以现在的勘探技术来开采目前已确认的地下资源,并以现在的消耗速度来计算,现有储量还能维持多久呢?储产比(当年可采储量与当年产量之比)给出了一个预估结果,即燃料所剩余的开采年份。也许若干年后,人们发展出更先进的勘探技术,从而发现新的油田;开采技术也不断进步,现在尚不能开采的海底油田将来能够得以利用；未来的节能技术也可能在进步，会使燃料的消耗速度大大降低。

这些设想一旦实现，剩余的燃料储量就能供我们使用更长时间。

● 全球变暖的问题

我们的地球似乎正在越来越热，以现在的趋势来看，到21世纪末，全球平均气温将上升3~5℃。届时，大量海冰融化，海平面会上升50厘米左右。

全球变暖的主要原因之一就是大气中二氧化碳浓度的升高。我们用全球增温潜能值（Global Warming Potential，GWP）来衡量一种温室气体储存热量的能力。该项数值越高的气体，储存热量的能力就越强。

请看表1-1。若以二氧化碳的储热能力为基准，把它的GWP定为1，那么城市管道内天然气的主要成分——甲烷的GWP就是21。也就是说，甲烷对全球变暖的影响是二氧化碳的21倍。氟利昂（几种卤代烃的总称），除了造成臭氧层空洞之外，它对全球变暖也是影响颇大，其GWP达到了数百甚至1万。

表1-1　各温室气体的全球增温潜能值（GWP）

名称	化学式	分子量	工业革命前的大气浓度/10^{-6}	如今的大气浓度/10^{-6}	GWP
二氧化碳	CO_2	44	280	358	1
甲烷	CH_4	16	0.7	14.7	21
一氧化二氮	N_2O	44	0.28	0.31	310
氟利昂	—	—	—	—	数百至1万

⬢ 二氧化碳排放量

二氧化碳的 GWP 如此之低，为何我们依然视其为全球变暖的罪魁祸首呢？让我们来看看二氧化碳的排放量有多惊人。

一桶 20 升装的石油大约为 14 千克，计算一下将这桶石油完全燃烧后会产生多少二氧化碳。石油属于碳氢化合物，主要由碳元素和氢元素构成。

当一个碳氢单元（CH_2）完全燃烧后，会产生一个水分子和一个二氧化碳分子。准备好，接下来的计算会有点过于化学。分子的质量是用分子量来表示的，CH_2 的分子量是 14，CO_2 的分子量是 44。也就是说，这桶 20 升装的石油在燃烧前仅 14 千克，却能产生 44 千克的二氧化碳，大约是原来质量的 3 倍。以此类推，10 万吨级油轮满载的石油能产生约 30 万吨的二氧化碳！二氧化碳的排放量十分惊人，这也是所有化石燃料需要面对的问题。

图1-1　石油燃烧的碳排放

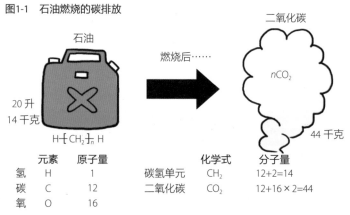

元素		原子量
氢	H	1
碳	C	12
氧	O	16

	化学式	分子量
碳氢单元	CH_2	$12+2=14$
二氧化碳	CO_2	$12+16×2=44$

石油和二氧化碳的分子量之比是14∶44，因此20升（14千克）石油完全燃烧后会产生44千克的二氧化碳，是原有质量的3倍多。因此，应对全球变暖的首要策略是二氧化碳的减排和捕集。

1-2 石油是怎么形成的?

石油是化石燃料中应用最广泛的代表。一般认为，化石燃料是由远古生物的遗体转变而成的，而具体到石油，则是生物遗体在地热和高压作用下分解后的产物。因此，石油资源是不可再生的，按照现在的消耗速度来估算，目前日本石油的可采储量仅能维持开采 40 年左右。

石油起源之争

在小学课堂上，老师告诉我们"石油是由远古生物的遗体演变而来的"，这个观点统称为有机起源说（也称生物起源说）。这是石油起源的主流观点。

也有人说，有机起源说只是西方国家的学说。在不少东方国家的学者看来，石油是通过发生在地底的化学反应产生的，这被称为石油的无机起源说。

例如，有一种灰白色的软质矿物：电石，其化学成分为碳化钙（CaC_2）。把水浇在电石上，会生成一种有机小分子气体：乙炔。

$$CaC_2 + H_2O \rightarrow CaO + HC \equiv CH$$
碳化钙　　水　　氧化钙　　乙炔

在该反应中，我们由无机物制出了有机物。在恰当的反应条件下，乙炔会聚合成高分子聚乙炔，再进行碘掺杂等操作后就能得到著名的导电高分子。通过一系列化学反应的共同作用，得到的聚乙炔已经与石油的成分十分接近了。

图1-2　乙炔聚合反应和石油的关系对比

$$n\text{HC} \equiv \text{CH} \xrightarrow{\text{聚合反应}} \text{H}_2\text{C}=\text{CH}-\text{CH}=\text{CH}-\text{CH}=\text{CH}\cdots\cdots\text{CH}_2$$

乙炔　　　　　　　　　　　　　　　　聚乙炔

$$\xrightarrow{\text{？？}} \text{H}_3\text{C}-\text{CH}_2-\text{CH}_2-\text{CH}_2\cdots\cdots\text{CH}_3$$

石油

通过乙炔聚合反应制得的聚乙炔与石油的成分相当接近！

　　无机起源说是由元素周期表的发明者、俄国化学家德米特里·门捷列夫（Dmitri Mendeleev，1834—1907）首先提出的。就时间上而言，无机起源说显得有点落后了，但该学说的重要之处在于，它认为目前石油仍在通过地下的无机反应继续产生着。如果所言为真，那么石油资源就永不枯竭了。

　　到底哪一个学说是真的呢？对于只听过有机起源说的普通人而言，很难相信无机起源说。人们对这两种学说目前仍在争论中，没有得出明确定论。

行星起源说

　　然而，进入 21 世纪后，关于石油起源的争论又出现了新一派的学说。根据美国著名天文学家托马斯·戈尔德的说法，所有行星内部都含有大量碳氢化合物，这一点可从地外陨石的物质分析中得以佐证。地球当然也不例外，在高温高压的地核深处存在着大量碳氢化合物。

　　由于碳氢化合物密度较小，它在高温高压的环境下受到挤压而逐渐上浮，在地表处形成浑浊的原油。相关现象也间接佐证了该学说的可能性：在一些已宣告开采枯竭的油田内，不时会涌出一些新的石油。

图1-3　石油的行星起源说

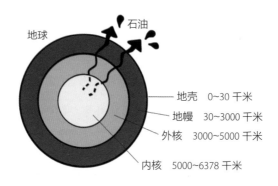

地球

石油

地壳　0~30 千米
地幔　30~3000 千米
外核　3000~5000 千米
内核　5000~6378 千米

🌑 细菌起源说和植物起源说

根据日本化学家的最新发现，生活在地底的细菌能将二氧化碳转变成石油，而且经此方法产出的石油品质极高，不需要经过精炼也能直接作为发动机的燃料。

不仅如此，人们还发现了一种能将二氧化碳转化为碳氢化合物的海藻，产出的碳氢化合物具有和化石燃料十分相似的化学结构。人们借助该方法成功进行了大规模的石油合成实验。

综上所述，石油的起源目前并无定论。如果条件允许的话，我们甚至可以人工合成石油。

1-3 如何开采油页岩？

现代能源结构主要依赖于化石燃料，如煤炭、石油和天然气。近年来，为了避免化石燃料的枯竭问题，全社会积极寻找替代能源，朝着可持续发展的社会转变。

◆ 非常规化石燃料

新能源是取代传统化石燃料的突破口之一，主要包括生物质能、太阳能、风能、地热和核能等。新能源对环境友好，污染少，但产出的能量比较有限。

其中，非常规化石燃料作为一种新的替代能源而备受瞩目。它们在本质上仍属于化石燃料，但与传统的煤炭、石油和天然气的形式和埋藏地点不同。与天然气相近的非常规化石燃料有可燃冰、页岩气、煤层气等甲烷矿，与石油相近的有页岩油、油砂等。

◆ 油页岩的利用

油砂是指有石油渗入的砂岩，待挥发性物质消散后留下的类似沥青的残渣物质。页岩油是沉积岩（以页岩为主）中所含的石油资源，通过岩石中的油母质热解而得到。页岩油的储量仍在探查中，据说与原油的储量相当！

同样在页岩中，含有甲烷的页岩气大约在地下 3000 米的深处，而页岩油则要浅得多，有些油页岩矿甚至可以露天开采。

◆ 如何开采油页岩是一大难题

如何开采油页岩矿并使其成为可用的燃料，是该项目的瓶颈问题。油页岩并不能直接作为燃料使用。如果要加工成燃料，需要将其转化成液体（比如石油）或者气体（比如天然气）。

相关对策方法正在研究当中，其中一个策略是在无氧状态下加热油页岩使其分解成原油状物质（即热解）。如果将分解产物再进行分馏[⊖]，就有可能得到汽油、煤油等独立组分。目前正在研究适用于油页岩的热解方法。其中，最有希望的方法是对地下矿床直接进行加热，我们从中只收集气体和液体成分。

另一个策略就是加氢反应。油母质的主要成分是含有大量碳碳双键的不饱和有机物，如果在双键处加氢，就有可能炼制成液态饱和有机物。

无论采取哪种方法，环境污染始终是绕不开的难题。油页岩中含有较多的硫元素和氮元素。硫燃烧后变成硫氧化物（SO_x），氮燃烧后变成氮氧化物（NO_x），这两类污染物溶于水后就会形成大家熟知的酸雨。氮氧化物还会导致光化学烟雾。

另外，热解反应需要大量的水参与。过度取水会改变地下水位，废液也会污染环境。由此可见，油页岩的开采和炼制将会引发严重的环境问题。除了开采方式外，原料的品质也需要把控，所以我们对整个非常规化石燃料项目的推进要慎重。

油页岩的试采已经在日本秋田展开，其中的环境问题依然是需要开采者重点关注的方面，希望他们能开发出引领世界的油页岩开采方法。

⊖ 分馏：通过多次蒸发和冷凝以分离液体混合物中几种不同沸点的组分的方法。——译者注

图1-4 开采油页岩会排放硫氧化物、氮氧化物

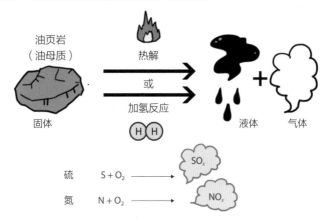

由于油页岩（油母质）不能直接被作为燃料来使用，因此人们正在研究在无氧状态下将其热解成原油或加氢转化为液态饱和有机物的加工方案，但在该过程中也会造成环境污染。

1-4 可燃冰真的可以燃烧吗？

毋庸置疑，现代社会依靠着电能来维持运转。核能发电是高效可行的发电方式，但顾及辐射风险和事故，完全依赖核能发电是很不妥当的。因此，新型化石燃料的勘探和开采也在同时进行中，可燃冰就是典型代表之一。

● 神奇的可燃冰

可燃冰，是堆积在大陆架海底深处几百米到一千米左右的冰冻状白色固体。把它捞起来点燃后就会冒出蓝色火焰，同时释放出大量热能。

位于大陆架之间的日本列岛周围富含可燃冰，换算成天然气的话大约能有 100 年的可采储量。对于资源稀少的日本来说，确实是埋藏在海底的宝藏。

可燃冰的主要成分是水（H_2O）和甲烷（CH_4）。约 15 个水分子聚集在一起，搭建成具有几何美感的鸟笼结构，每个水分子

图1-5 可燃冰的分子结构

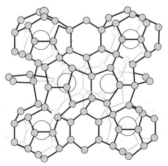

◎水分子　◯甲烷分子

笼中装着一个甲烷分子。笼状结构彼此紧密重叠排列，平均下来甲烷和水的分子数量比例在 1∶5 左右。

● 可燃冰的燃烧

如果将可燃冰点燃，会发生什么呢？为了进行比较，我们也会讨论甲烷本身的燃烧反应。

$$甲烷的燃烧反应：CH_4 + 2O_2 \rightarrow CO_2 + 2H_2O$$
　　　　　　　甲烷　　氧气　　二氧化碳　　水
$$可燃冰的燃烧反应：$$
$$CH_4 \cdot 5H_2O + 2O_2 \rightarrow CO_2 + 7H_2O$$
　　　　　　可燃冰　　　氧气　　二氧化碳　　水

将可燃冰点燃，只有甲烷会发生燃烧反应。因此，水分子会原封不动地保留下来。如果直接把可燃冰放入家里的火炉，就会产生大量水汽。在实际燃烧前，要先分解可燃冰以除去其中的水，只留下甲烷，终产物就像厨房里使用的商用天然气一样。

$$CH_4 \cdot 5H_2O \rightarrow CH_4 + 5H_2O$$
　可燃冰　　　　甲烷　　　水　　→　把水除掉后就能正常使用啦

● 可燃冰的开采

由于在使用前需要除水，我们可以在开采可燃冰时在海底就地分解，只采集甲烷。分解的方法包括加热、减压或化学分解等。

2013 年，在日本渥美半岛海域进行的世界首次可燃冰试采就采用了减压法。在海底可燃冰层插入减压管道，只吸走分解产生的甲烷，所以在采矿船上看不到白色的可燃冰固体了。

比较有趣的是化学方法，即用二氧化碳（CO_2）将可燃冰中的甲烷（CH_4）置换出来。此举既能减少二氧化碳的排放，又能从中提取出甲烷，可以说是一举两得。

可燃冰的采集虽尚在试验阶段，但肯定会成功的。可燃冰项目的当务之急是成本问题，将价格控制到可以和现在的商用天然气相竞争的程度是可燃冰商业化的关键。

图1-6　可燃冰的开采（减压法）

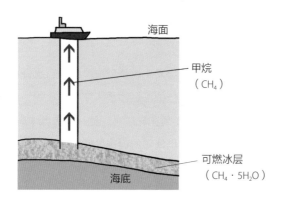

将可燃冰在海底通过减压法分解，只收集甲烷。

1-5 太阳能电池是怎么发电的?

在能源危机日益严重的当下,新能源产业备受全社会的关注。在日本,太阳能是盛行的能源之一。

● 太阳能电池的构造

太阳能电池是将太阳的光能直接转化为电能的装置。太阳能电池根据其组成分为许多类型,如硅太阳能电池、有机太阳能电池和化合物半导体太阳能电池。其中,最基础的形态就是硅太阳能电池。

硅太阳能电池使用硅(Si)作为原料。在硅中掺入少量杂质就变成了杂质半导体。在硅中掺入硼(B)作为杂质的半导体被称为 p 型半导体,掺入磷(P)的半导体被称为 n 型半导体。

硅太阳能电池的结构非常简单,它主要包括透明负极、n 型半导体、p 型半导体、金属正极。两个半导体的边界被称为 pn 结,

图1-7 硅太阳能电池的结构和发电原理

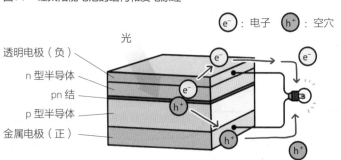

硅太阳能电池本质上是由两种化合物半导体构成的。

它们在原子层面上紧密贴合。此外，n 型半导体材料非常薄，所以它也是透光的。

● 太阳能电池的发电原理

安装太阳能电池时，我们把透明电极面向太阳。太阳光通过透明电极和 n 型半导体层到达 pn 结表面。然后，pn 结接收光能，在表面产生电子（e⁻）和空穴（h⁺，空穴就是缺失电子的正电位）。电子穿过 n 型半导体层重新到达透明电极，然后流入导线。空穴穿过 p 型半导体层和金属电极，到达导线。电子和空穴最终会再次合并，在此过程中产生电能。

● 太阳能电池利与弊

太阳能电池的好处多多。首先，正如上文所说的，它没有任何附带的零部件，因此故障率比较低，可以说是"免维护"了。

太阳能电池可以安装在人迹稀少的场所，例如离岛的灯塔、

图1-8 自产自销的太阳能发电模式

太阳能电池的一个优点就是它产生的电力能直接在原地使用，不需要额外的传输。

海洋浮标、路灯柱顶等。而且在这些场合产生的电能很快会在原地即时消耗掉，类似于自产自销的发电模式，因此没有输电过程的损耗。此外，太阳能是名副其实的清洁能源，不产生任何污染和废弃物。

但它也并非没有弊端。首先，原料硅的成本太高了。硅是地壳中仅次于氧的第二大元素，因此不用担心资源枯竭。硅价格高昂的原因在于其纯度。用于太阳能电池的硅的纯度要求为99.99999%（称为"7个9"）。如果想要提炼如此高纯度的硅，就需要昂贵的设备投资和极高的耗电量。

其次，传统的硅太阳能电池只能将不到10%的太阳能转化成电能，转换效率低也是个值得关注的问题。如果使用非常昂贵的单晶硅，转化效率能达到25%；而如果使用价格较低的多晶硅，转化效率约为17%。目前人们正在研究量子点太阳能电池和串联有机太阳能电池，最大转换效率有望达到60%。

图1-9　价格高昂的单晶硅

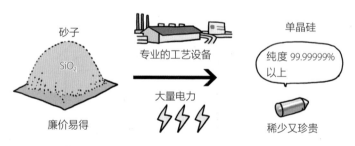

硅的储量丰富，几乎取之不尽用之不竭，但制作高纯度单晶硅的成本很高。

油电混合动力汽车（同时安装了燃油发动机和电动机）从性能和燃油费的角度来看，十分具有市场竞争力。趁着新能源的大趋势，使用氢燃料电池的纯电动汽车也逐渐流行起来。

何谓电池？

氢燃料电池是电池的一种，那么电池到底是什么呢？

电池，顾名思义就是产生电能的装置。电池的种类繁多，干电池、锂电池等家用电池大多是将化学反应的能量转化为电能，统称为化学电池。氢燃料电池也是一种化学电池。

何谓电能？

大部分时候，电能是伴随着电流而存在的。电流是电子（e^-）的流动，当电子从 A 移动到 B 时，我们就说"电流从 B 流到 A"。

电子是原子的一部分。氢也好，氧也罢，所有物质都是由原子组成的，而所有原子都是由原子核和电子组成的。伴随着电子移动的能量就是电能，或是更通俗的表达：电力。

何谓氢燃料电池？

那么，氢燃料电池是如何产生电能的呢？氢燃料电池，顾名思义就是以氢气（H_2）为燃料，将燃烧反应产生的能量（即通常所说的燃烧热）转化为电能的装置。燃烧就是让氢气与氧气（O_2）发生反应。因此，在氢燃料电池中进行的反应很简单，如下所示：

$$2H_2 + O_2 \rightarrow 2H_2O$$
氢气　　氧气　　　水

但是，上述反应只是氢气在燃烧而已，搞不好还会有发生大爆炸的可能。将燃烧热转化为电能的氢燃料电池，需要更加别出心裁的设计。

氢燃料电池中最重要的部位是铂电极，也就是用铂（白金）制成的。铂在这里起到了催化剂的作用。

当氢气与铂负极接触时，会分解成氢离子（H^+）和电子（e^-）。电子通过电池外部的导线向正极移动，这就产生了电流。

另一方面，氢离子在电池内的电解质溶液中移动到达铂正极。电子和氢离子在正极上与氧气反应形成水，并释放能量。

这就是氢燃料电池的工作原理。氢燃料电池产生的废弃物只有水，所以被称为绿色环保电池。

图1-10　氢燃料电池的结构和工作原理

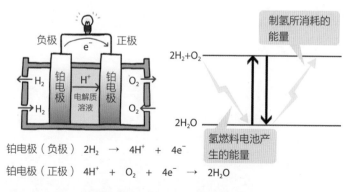

铂电极（负极）　$2H_2 \rightarrow 4H^+ + 4e^-$

铂电极（正极）　$4H^+ + O_2 + 4e^- \rightarrow 2H_2O$

氢燃料电池产生的能量与电解水获得氢气所需的能量相同。

● 氢燃料电池的困境

氢燃料电池的优势是显而易见的，但也有一些绕不开的问题。

首先，作为燃料的氢气在自然界中几乎不存在。因此，氢气必须要人工制造，基本上是通过电解水产生的。如果你把氢变成水，就能得到电能。然而，为了获得氢，必须消耗电能来分解水。因此，除了电解之外，是否可以通过简单的方法来制取氢气是一个问题。

其次，氢气是爆炸性气体。如果环境中有静电或明火的话，就很容易发生爆炸事故。氢气的运输和储存工作都需要做到万无一失。

最后，电极成本高。毋庸置疑，铂是贵金属，比黄金的价格还要贵。用于替代铂作为电极的新材料还有待开发研究。

最近新闻里有提到新开设了加氢站

也叫储氢站

嗯?

就像给传统汽车加油一样,我们给氢燃料电池汽车(FCV)加氢气就可以了

能在短时间内加满嘛?

加氢站

氢燃料电池汽车

制氢设备

H₂

H₂

氢罐　燃料电池

电动机

加氢站不只是储存从工厂里生产出来的氢气燃料,

有些加氢站本身也会自己制造氢气

但是,制氢这件事本身就是既费力又费钱的过程……

举手　举手

提问!
我有个问题

什么?

可以改名为瓦斯塔嘛?

就像家用天然气那样供应

我倒

这,也许吧……

37

1-7 金属也会发生火灾?

2014 年 5 月 27 日,日本东京都町田市一家金属加工工厂发生了火灾,火灾是由在制造汽车车轮的过程中切割金属的不当操作而引起的。

金属竟然会燃烧?

"金属燃烧"是怎么回事?说到身边的金属,我们会想到硬币、菜刀、勺子、铝合金窗框等。一般我们不会想到这样的东西会燃烧。但其实金属燃烧并不是什么奇怪的现象哦。

高中的化学教科书上就有关于金属燃烧的图片,说不定你以后能亲自在实验中看到铁(Fe)的燃烧。例如,把像丝绒一样细的铁丝放入广口玻璃瓶中,向其中通入氧气,再用火柴点燃,铁丝就会剧烈地燃烧,并发光发热。

$$4Fe + 3O_2 \rightarrow 2Fe_2O_3$$
$$\text{铁} \qquad \text{氧气} \qquad \text{氧化铁}$$

图1-11 金属能燃烧吗?

铁丝在燃烧

金币也能燃烧吗……?

铁是典型的金属,它能在氧气中燃烧。

金属钾（K）只要暴露在空气中就会起火，因此钾都被封存在煤油中以免与空气接触。用于快中子增殖反应堆⊖冷却的金属钠也有类似现象。

为了减轻汽车重量，目前的高性能车轮以铝合金和镁合金为主流材料。铝（Al）和镁（Mg）都是比铁更容易燃烧的活泼金属，尤其是镁特别易燃。

$$2Mg \ + \ O_2 \ \rightarrow \ 2MgO$$
镁　　　氧气　　　氧化镁

● **某些金属与水反应会发生爆炸**

当镁变成细条状或粉末状后，表面积会变大，此时只要沾水就会起火。更可怕的是，这一过程还会产生大量氢气（H_2）。

$$Mg \ + \ 2H_2O \ \rightarrow \ Mg(OH)_2 \ + \ H_2$$
镁　　　水　　　　氢氧化镁　　氢气

$$2H_2 \ + \ O_2 \ \rightarrow \ 2H_2O$$
氢气　　　氧气　　　水

氢气作为氢燃料电池的燃料而备受关注，同时它也以易爆的危险气体而闻名。

在能引起火灾的危险金属，如镁金属上浇水，具体会发生什

⊖　使用快中子引起裂变链式反应的核反应堆，产生的裂变燃料比原先消耗的还要多。

么呢？镁与水反应释放氢气和大量的热，氢气再次燃烧而发生爆炸。这就是金属火灾的可怕之处！

● 如何扑灭金属火灾

想扑灭金属火灾，当然不能用水了。那么消防队会如何应对呢？

一般情况下，我们只能等待金属燃烧殆尽，并想办法阻止火势蔓延。2012年5月27日，岐阜县土岐市一座储存了200吨镁金属的工厂发生火灾，扑灭这场大火花了整整6天时间。

作为化学家的我，也曾经处理过镁、锂、钠等易燃金属的燃烧事故。为此，我在研究室的一角准备了一个装有沙子的木箱。我们还准备了用石棉纤维编织的石棉毯。一旦发生金属火灾，立刻在着火点撒上沙子，并用石棉毯覆盖以防止火势蔓延，等待金属完全燃烧后再做其他处理。

图1-12 金属火灾的应对办法

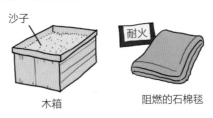

为了扑灭金属火灾，最关键的是用耐火材料阻止火势蔓延。

1-8 金刚石和石墨有什么不同？

由金刚石加工而成的钻石是一种高折射率、高硬度的宝石，价格也极其昂贵。但是，作为一种化学物质，它只是碳元素的单质而已，与煤和石墨等物质无异。20 世纪 50 年代，美国通用电气公司成功用碳元素合成出金刚石，其反应条件非常苛刻，有几万个大气压和几千摄氏度的高温。

什么是金刚石

碳是一种四价元素，一个碳原子可以与最多四个原子相连接。碳的一个重要特点是碳原子可以连接在一起，而且形成的原子网格可以一直扩展下去。这一特点使得仅由碳元素制成的单质也能具有独特的微观结构。

碳可以形成像鸟笼铁丝网一样的六边形薄片结构，层层堆叠起来就形成了铅笔芯中的石墨。由这种薄片组成的长筒状分子被称为碳纳米管。富勒烯则是一种由碳原子组成、像足球一样的球状分子。富勒烯在 1985 年被首次报道出来，三位发现者荣获了 1996 年的诺贝尔化学奖。

石墨和富勒烯均是由碳碳单键（由一个共价键结合而成）和碳碳双键（由两个共价键结合而成）交替组成的，而金刚石的特点是只由碳碳单键组成。

用HPHT法合成金刚石

很久以前就有人推测，金刚石是在地下的高温高压环境中由

图1-13 由碳元素构成的单质

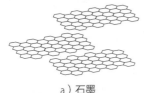

a）石墨

b）金刚石

c）富勒烯

d）碳纳米管

与金刚石相似的碳同素
异形体还有许多种。

碳形成的。因此，只要能够复原出类似的条件，我们就可以用煤灰和石墨制造金刚石，但这些条件本身就很难实现。19 世纪下半叶，人们将碳封在铁块中，灼热后投入水中进行淬火。这是一种危险的方法，有时会引起爆炸。

詹姆斯·哈尼和诺贝尔化学奖得主亨利·莫瓦桑也曾尝试过合成金刚石实验。但是在莫瓦桑的实验中，研究助手急于摆脱接连不断的实验失败，所以在反应体系中偷偷混入了市售钻石以便早日结题。哈尼也合成出了金刚石，但有人指出可能同样是混入的天然钻石，所以真伪并不明确。

与此相对，美国通用电气公司提出的合成方法具有可重复性。经过各方改良之后，现在已有大量的人造金刚石被应用于工业的各个领域。这种方法被称为 HPHT 法，因为它是在高压高温（High Pressure & High Temperature）环境下进行的。

● 其他合成方法

最近引起广泛关注的是化学气相沉积法（Chemical Vapor Deposition，CVD）。这是一种将碳转变为等离子体状态并在衬底上沉积碳原子的方法，因此可以制作薄膜状的金刚石。CVD法制成的金刚石有望能够开发出为电子设备散热等全新的应用。

用 HPHT 法生产的是单晶金刚石，一个金刚石就是一个独立的晶体；而用 CVD 法生产的是多晶金刚石，多晶金刚石由无数个小晶体组成。

最引人注目的多晶金刚石是爱媛大学开发研制的菱钻。这是由纳米级金刚石微晶聚集而成的晶体，现已合成出直径 1 厘米左右的产品。因为是多晶，所以不能用于宝石用途，但在工业上的用途依然备受期待。据说它的硬度能够远超单晶金刚石。

图1-14 世界上最大的金刚石

世界上最大的金刚石是库利南钻石（3106克拉，即621.2克）。它被抛光（在特定方向上切割晶体或岩石）成若干颗小钻石，镶嵌在英国皇室的王冠和权杖上。

钻石和碳别无二致

1-9 反式脂肪酸对人体有什么危害？

脂肪组织水解后，就变成了甘油和脂肪酸。在脂肪酸中，碳链部分含有碳碳双键和碳碳三键等不饱和键的脂肪酸被称为不饱和脂肪酸，不含有双键和三键的脂肪酸被称为饱和脂肪酸。不饱和脂肪酸发生加氢反应（氢化）后就变成了饱和脂肪酸。在氢化的过程中，会产生自然界中本不存在的脂肪酸，这就是氢化油的问题所在。

● 氢化油

饱和脂肪酸一般包含在动物油脂中，这种油脂在常温下是固态。与此相对，不饱和脂肪酸包含在植物和鱼的油脂中，这种油脂在常温下是液态。我们对比一下膏状的猪油、牛油和液态的大豆油、芝麻油就能一下子明白了吧。

鱼油中所含的 EPA（二十碳五烯酸）和 DHA（二十二碳六烯酸）都是不饱和脂肪酸，在碳链部分分别含有 5 个和 6 个碳碳双键。

如果把氢元素添加到液态的不饱和脂肪酸中，把一些不饱和键变成碳碳单键，那原来是液态的油脂就逐渐变成了固态。这种油脂通常被称为氢化油（硬化油），主要用于制造人造黄油、起酥油和奶油。

● 反式脂肪酸

碳碳双键有两种类型：顺式和反式，这取决于与其相连的碳链位置。顺式体和反式体在组成分子的原子种类和数量上完全相同，也就是分子式完全相同，只是原子排列方式会有差异，我们把这样的一组物质叫作同分异构体。

下图显示了具有同分异构现象的脂肪酸所对应的顺式和反式结构。顺式体被称为"油酸"，是天然油脂中大量含有的脂肪酸。与此相对，天然油脂中几乎不含有反式"油酸"。

图1-15　脂肪酸的顺反差异

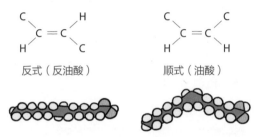

反式（反油酸）　　　　　　顺式（油酸）

在双键的同一侧有相同原子的是顺式体，相同原子位于双键两侧的是反式体。

从图中还可以看出，顺式体是弯曲形，反式体是直线形。含有反式双键的脂肪酸被称为反式脂肪酸。目前正是这种反式脂肪酸让人焦虑又担心。

● 反式脂肪酸的产生

天然存在的不饱和脂肪酸大多都是顺式体。牛和山羊等反刍动物的脂肪中含有 2%~5% 的反式脂肪酸，所以用牛奶加工而成的黄油中也会含有少量反式脂肪酸。

从化学结构上来看，反式体比顺式体更稳定。因此，在烹饪等需要加热的过程中，顺式脂肪酸就会自发转变成反式。图 1-16 展示的就是亚油酸在加热时可能发生的变化。另外，如果油脂长期存放，在氧气影响下顺式体也会发生反式化。

图1-16　亚油酸在加热下的变化

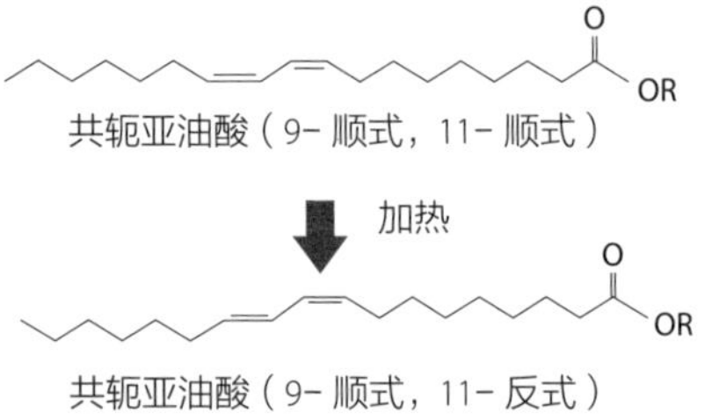

共轭亚油酸（9-顺式，11-顺式）

加热

共轭亚油酸（9-顺式，11-反式）

顺式体在加热时很容易变成反式体。

● 反式脂肪酸的影响

现在人们面临的问题是在氢化油的制作过程中会产生反式脂肪酸。不饱和脂肪酸中只有一部分碳碳双键会被氢化，另一部分双键还残留在其中，所以反式脂肪酸依然是不饱和脂肪酸。而且，这种不饱和脂肪酸的双键会在制作过程中转变成反式体。因此，氢化油的产品中都含有百分之几到十几不等的反式脂肪酸。

之所以怀疑反式脂肪酸会影响健康，是因为摄入一定剂量后可能会增加人体内的低密度脂蛋白（"坏胆固醇"），从而增加患心脏疾病的风险。2003年之后，越来越多的国家开始限制使用含有反式脂肪酸的产品。

饱和脂肪酸 ··· 动物油脂 固态

猪油 牛油

不饱和脂肪酸 ··· 植物/鱼的油脂 液态

大豆油

DHA（二十二碳六烯酸）

芝麻油

EPA（二十碳五烯酸）

顺式体

生成

氢化油 固态

起酥油 人造奶油

反式体

在这个过程中产生的反式脂肪酸被认为是"坏"的脂肪酸

我好像听说过

据说，反式脂肪酸是体内有害胆固醇增加的元凶……

其实你还知道挺多事情的嘛

1-10 塑料是怎么被回收利用的？

塑料是以石油为原料制造出来的。当前，化石燃料资源日益枯竭，塑料也要更加妥善地使用。为此人们提出了塑料回收利用的策略。

● 回收的类型

再利用

在日本江户时代，社会上的回收风气盛行：碎布被用来缝制破旧的衣服，写了书信的废纸被用来制作扇子和屏风，用过的空酒瓶能反复装很多次酒。

重复利用产品的回收模式被称为再利用，以上皆是再利用的例子。现代生活中，再利用最多的莫过于塑料袋和玻璃瓶了。

热回收

纸和塑料可以燃烧。人们往往认为燃烧意味着啥也不剩了，所以不能算回收利用，但事实并非如此。如果能有效利用燃烧反应产生的热量，这也是一种很好的回收利用模式。就像这样，将不再需要的塑料作为燃料加以利用就是热回收。

材料回收

说到回收，我首先在脑海里想到的就是最常见的材料回收了。我们可以把塑料制品转换成各种不同的物品，比如可以收集废弃塑料后热溶解，重新塑型成一个小花盆。

化学循环

轮到化学登场了，化学循环是把塑料分解成原来的单体小分子，然后重新加以利用。例如，饮料瓶中最常见的塑料——PET，是由乙二醇和对苯二甲酸这两种单体小分子聚合而成的。因此，我们可以将废旧的 PET 溶解到有机溶剂中，再加入分解催化剂将其变成乙二醇和对苯二甲酸，由此得到的两种独立的小分子原料可以各自进行后续利用。但目前，乙二醇和对苯二甲酸的最主要用途还是制作 PET，因此它们最终将用于重新合成新一批的 PET 塑料。

图1-17 化学循环

$$\left[O - CH_2 - CH_2 - O - \overset{\overset{O}{\|}}{C} - \text{⬡} - \overset{\overset{O}{\|}}{C} - O \right]_n$$

塑料（聚对苯二甲酸乙二醇酯）

$$\longrightarrow n HO - CH_2 - CH_2 - OH \quad + \quad n HO - \overset{\overset{O}{\|}}{C} - \text{⬡} - \overset{\overset{O}{\|}}{C} - OH$$

乙二醇　　　　　　　　　　　对苯二甲酸

回收方式大对比

我们来综合分析上述几种回收方式。化学循环除了用到有机溶剂和化学试剂外，还要用到反应器和能源来再生新的塑料。此外，在化学循环的过程中，不能有外来杂质混入分解产物，否则制成的单体小分子就不能用作下一次聚合反应的原料，因此必须对塑料品种做严格分类。

因此，如果可以再利用的话，那就直接再利用吧。如果不能再利用了，那就进行材料回收。再不济就热回收，最后再考虑化学循环吧！

图1-18　回收塑料瓶的若干思路

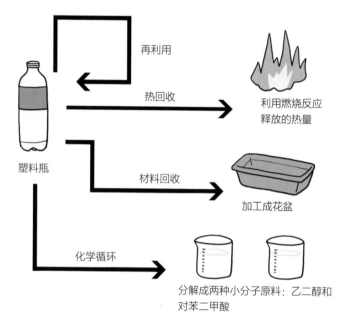

再利用

热回收

利用燃烧反应
释放的热量

塑料瓶

材料回收

加工成花盆

化学循环

分解成两种小分子原料：乙二醇和
对苯二甲酸

最彻底的回收方法当属化学循环，但性价比也很低。最原始也是最符合实际情况的回收方法也许是热回收吧。

我这里有一个塑料瓶可以回收利用哦！

真是环保啊！

但是，回收过程中也会消耗很多能量才能重新造出一个新的塑料瓶

筛选

粉碎

清洗

那我就自己再利用好了！

哗啦

哗啦

但是，塑料瓶很容易老化呀，还有可能染上细菌呢

啊我受够了……

塑料瓶根本承受不住高强度的清洗啊……

所以，还是回收玻璃瓶最方便啦

我出发啦

拎起

啊，可是……

好沉

这……

玻璃瓶也太重了吧

而且很容易碎，真不方便

所以，这不是开发了诸如 PET 之类的塑料瓶嘛

想要回收利用，真的好难呀……

专栏　可"穿戴"的有机太阳能电池

说到太阳能电池，一般指的是本章所提到的硅太阳能电池。但最近，用有机化合物代替硅材料的有机太阳能电池逐渐成为新的议题。根据发电原理上的差异，有机太阳能电池分为有机薄膜太阳能电池和有机染料敏化太阳能电池两种。

有机太阳能电池的优点是质量轻薄、质地柔软、制造简单、成本低廉。但它也有不容忽视的缺点，如耐久性低，能量转换效率低（小于10%），这可比硅太阳能电池差远了。

根据有机太阳能电池柔软、多彩的优点，我们可以趋利避害地设计出相关的室内装饰品，且已有一部分产品成功地商业化了。今后，我们还可以将其制作成斗篷、雨披等服装，或者将汽车外壳制作成有机太阳能电池，这些都是硅太阳能电池无法想象的用途。

第 2 章

日常生活中的
化学反应

我们身边会接触到很多化学物质，它们的一大特征是会
发生化学反应。化学反应不仅会引起物质的变化，还伴
随能量的变化。如果该能量是热能，它会使周围环境变
暖或变冷；如果是电能，它会点亮灯泡，转动电动机。
我们的周围就是一个"随时发生化学反应的实验室"。

2-1 干电池为什么叫干电池?

现代生活中，电池是最重要的必需品之一。如果没有电池，手机会怎么样？电池的种类繁多，但家用电池大多是干电池。从1号、2号到5号、7号，这几种型号的干电池都有广泛用途。

● 最初的电池

电池是由化学物质产生电流（和电能）的装置。最原始的电池是在可以导电的溶液（电解质溶液）中插入两种不同的金属棒构成的。

在著名的伏打电池中，锌（Zn）和铜（Cu）金属板作为电极材料被插入硫酸（H_2SO_4）溶液中。一般来说，金属元素有失去电子的性质，但不同金属的失电子能力有强有弱。锌比较容易失电子，铜则相对较难。因此，伏打电池的反应是锌释放电子（e^-），这些电子通过导线转移到铜所在电极，在那里与溶液中的氢离子（H^+）结合生成氢气（H_2）。

$$Zn \rightarrow Zn^{2+} + 2e^-$$
锌　　　锌离子　　电子

$$2e^- + 2H^+ \rightarrow H_2$$
电子　　氢离子　　氢气

另外，我们人为定义失去电子的一端（锌）为负极（−），得到电子的一端（铜）为正极（＋）。

图2-1　伏打电池的结构

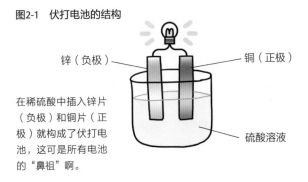

锌（负极）　　　　　　　铜（正极）

在稀硫酸中插入锌片（负极）和铜片（正极）就构成了伏打电池，这可是所有电池的"鼻祖"啊。

硫酸溶液

● **被称为"干电池之王"的日本人**

　　伏打电池用溶液作为电解质，所以被称为湿电池。用碳粉和氯化铵（NH_4Cl）混合成的糊状电解质代替电解质溶液，这就是干电池了。

　　主流观点认为，干电池最早由德国发明家卡尔·加斯纳于1885 年研制而成，其实日本人也独立发明过。日本钟表设计师屋井先藏几乎在同一时期研制出干电池，但他并未申请到专利而立刻获益，而且他的干电池在日本国内似乎并不受重视。

　　在 1893 年的芝加哥世博会上，东京大学理学部展出了屋井先藏的干电池，其性能引起世界关注。

● **干电池的化学反应**

　　干电池的化学反应与湿电池的化学反应类似。干电池的负极是锌，正极是混合在电解质糊中的二氧化锰（MnO_2，可以看作四价锰离子 Mn^{4+}）。在这个化学反应中，锌释放电子，二氧化锰接收电子，电子穿过导线的同时也就形成了电流。

$$Zn \rightarrow Zn^{2+} + 2e^-$$

锌　　　锌离子　　电子

$$2e^- + Mn^{4+} \rightarrow Mn^{2+}$$

电子　　四价锰离子　二价锰离子

　　干电池的正极用一根碳棒引出，碳棒在这里只有传导电流的作用，本身不参与化学反应。传统干电池的结构就是这么简单，全称叫锌锰干电池（碳性电池）。还有一类干电池叫作碱性锌锰电池（碱性电池），它使用氢氧化钾（KOH）作为电解质。

　　碱性电池的电容量比锌锰干电池大，适合短时间内大功率输出电能的场合；而像手表这样长时间续航但功率很小的情况，普通锌锰干电池更为适合。根据具体的应用场景来选择合适的电池类型也很重要。

图2-2　锌锰干电池的结构

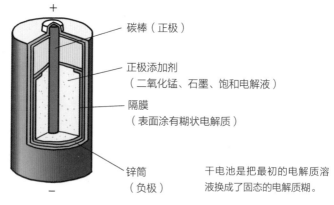

＋

碳棒（正极）

正极添加剂
（二氧化锰、石墨、饱和电解液）

隔膜
（表面涂有糊状电解质）

锌筒
（负极）

干电池是把最初的电解质溶液换成了固态的电解质糊。

－

最初的电池构造，是在导电液体中插入不同金属棒

电解质溶液

将液体部分换成固体就成了干电池

总之

水

替换成

干一点的填料

这样想就可以了！

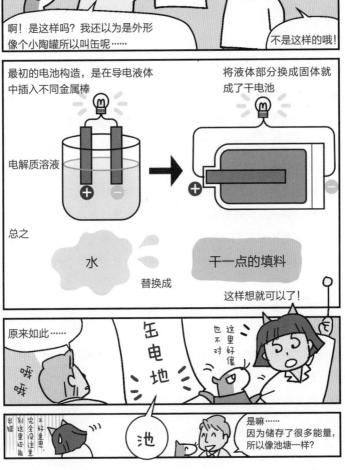

59

2-2 漂白剂是怎么消除颜色的?

颜料有红、黄、蓝三原色(准确来讲是品红、黄、青),绝大部分颜色都能通过这三原色以适当比例混合制得,但如果把三原色等量完全混在一起,反而呈现不出任何色彩,看起来是黑的。光也有红、绿、蓝三原色,如果把光的三原色混合在一起,色彩同样会消失,变成如太阳光一样的白光。

何谓色彩?

我们肉眼看到的物体颜色不是物体本身的发光色,大部分物体都不会发光。相反,它们会吸收光。对不同光线的选择性吸收正是物体呈现出颜色的根源。

我们之所以能看到物体,是因为照射在物体上的光会反射进入眼睛。该说法的依据便是,在没有光的黑暗环境中,我们根本看不到那些不发光的物体。但是,物体并不是完全反射照射在它上面的光,色彩正是那些没有被物体吸收反而被反射的光所呈现的(图 2-3)。

那么,如果物体从太阳光中只吸收红光的话,剩下的光看起来是什么颜色呢?色相环会给出答案。如果从白光中去除一种颜色 A,则剩余光的颜色是色相环上与 A 相对的颜色 B。B 叫作 A 的互补色,A 和 B 互为补色关系。所以,如果从白光中去掉蓝绿光,剩下的光看起来就是蓝绿色的互补色——红色。

图2-3 可见光的成分

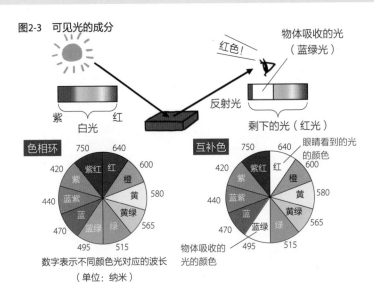

数字表示不同颜色光对应的波长
（单位：纳米）

从白光中移除一部分光（蓝绿色），剩下的光看起来是蓝绿色的互补色（红色）。

● 物体的颜色

以上都是物理学问题，接下来进入化学的领域。物体由无数分子组成，其中有些分子具有双键结构。双键和单键交替排列的特殊键型，我们称为共轭双键。苯分子就是典型的共轭双键结构，它由三个双键和三个单键交替排列成环。

共轭双键具有吸收光的性质，吸收的光的颜色取决于共轭双键的长度。如果物体分子中的共轭双键较短，物体就不会呈现颜色，因为短的共轭双键不能吸收可见光。如果共轭双键变长的话，物体颜色就会逐渐变为红色、黄色、绿色、蓝色……

● 漂白剂

漂白就是消除物体原有的颜色（破坏能产生颜色的分子）。

从原理上来看，只要把分子中的长共轭双键切断或缩短就可以了，这也就是漂白剂的作用。要使共轭双键断开，只要把其中的双键变成单键就可以了，所以在双键上加上氧（O）或氢（H）就可以达到这个目的。加氧的漂白剂叫作氧化性漂白剂，加氢的漂白剂叫作还原性漂白剂。

图2-4　漂白的原理

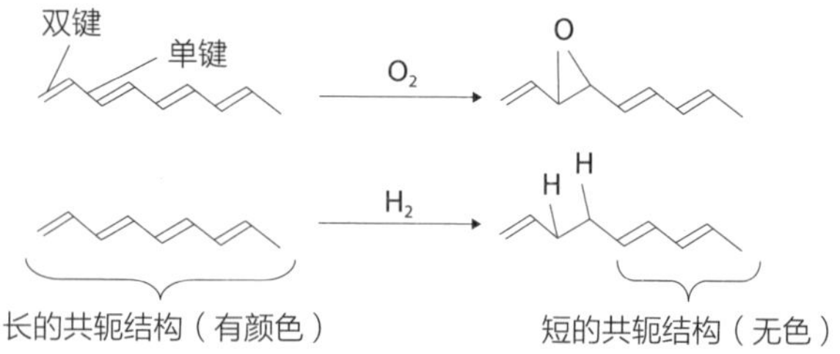
双键
单键
O
O_2
H
H
H_2
长的共轭结构（有颜色）
短的共轭结构（无色）

氧化性漂白剂普遍使用含氯化合物，如常见的次氯酸钠（NaClO），它的反应如下所示，次氯酸钠产生的活性氧能与双键发生反应。

$$\underset{\text{次氯酸钠}}{NaClO} \rightarrow \underset{\text{氯化钠}}{NaCl} + \underset{\text{活性氧}}{[O]}$$

而最常见的还原性漂白剂当属连二亚硫酸钠（$Na_2S_2O_4$）。这种盐溶于水后产生的活性氢能与双键发生反应。

$$\underset{\text{连二亚硫酸钠}}{Na_2S_2O_4} + \underset{\text{水}}{4H_2O} \rightarrow \underset{\text{硫酸氢钠}}{2NaHSO_4} + \underset{\text{活性氢}}{6[H]}$$

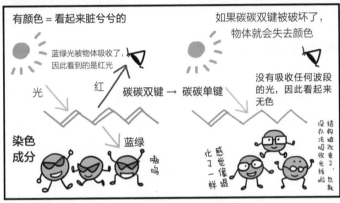

2-3 洗涤剂为何能去除油污?

干洗是用干洗油来洗去油污,油污能溶解在干洗油中。而水洗能让油污溶解在水中。油污本应该是不溶于水的,洗涤剂到底用了什么神奇魔法呢?

● 何谓表面活性剂?

不同分子对水的亲和力是不同的,有些分子是亲水的,例如酒精可以完全溶于水中;有些是疏水的,例如石油完全不溶于水。但是,还有一类神奇的分子,同时具有亲水部分和疏水部分。这种分子在化学中被称为两亲性分子,俗称表面活性剂。肥皂等洗涤剂的主要成分就是表面活性剂。

图2-5 表面活性剂

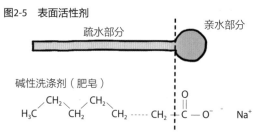

表面活性剂(两亲性分子)由疏水部分和亲水部分组成。

● 分子膜

如果将洗涤剂溶解在水中,分子的亲水部分可以毫不费力地进入水中,而疏水部分则会极力避开水。结果表明,洗涤剂分子

64

是以倒立的姿态堆积在水面上的。如果提高洗涤剂的浓度，整个水面就会被洗涤剂分子完全覆盖。此时的洗涤剂分子整体看起来就像水面上的一层膜。因为这是由分子形成的膜，所以被称为分子膜（图 2-6）。

分子膜也可以由两层重叠而成，这被称为双分子膜。肥皂泡就是这样的结构。肥皂泡是由双分子膜组成的，内部装有空气，水藏在两层亲水部分相夹的空间里。

双分子膜在生物体内发挥着重要的作用，因为细胞表面的细胞膜就是双分子膜。构成细胞膜的两亲性分子叫作磷脂，是油脂分子和磷酸结合而成的物质。油脂对于热衷于减肥的人来说就像天敌一样令人讨厌，但它却是生命的重要组成物质。

图2-6 分子膜

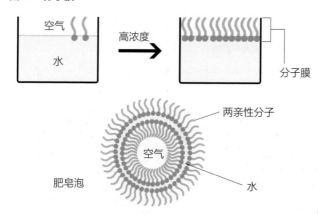

肥皂泡就是一个由双分子膜构成的"袋子"，内部是空气，"袋子"夹层里面装有水。

　　清洗有油污的衣服，只需将其放入水中，再加点洗涤剂揉搓就可以了。洗涤剂分子进入水中后一旦发现油污，就有如抓住救命稻草一样，其疏水部分会附着在油污上。结果就是，油污会被洗涤剂分子完全覆盖包裹住。

　　从外面看这一团分子，好像是一个由亲水部分构成的分子团簇，当然会溶于水。就这样，油污被洗涤剂分子包裹在内而被清洗掉。听起来好像没什么特别的，但洗衣服的过程就是运用了如此先进的化学技术。

　　那么，干洗时如何去除水溶性污渍呢？和水洗一样，干洗也需要使用对应的洗涤剂，即干洗油。干洗油分子中的亲水部分会附着在水溶性污渍上并将其包裹起来，之后随着干洗油一起被洗走。

图2-7　洗涤剂为何能去除油污？

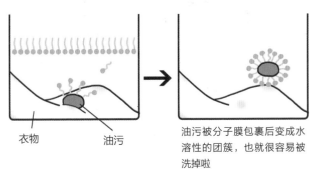

衣物　　　　　　油污

油污被分子膜包裹后变成水溶性的团簇，也就很容易被洗掉啦

2-4 胶水是怎么将物体黏合在一起的?

胶水已经普及到我们生活的各个角落,贴邮票和封信封都需要胶水来黏合。三合板等建材是用黏合剂将木屑黏合而成的,航天飞机外壁的隔热瓷砖也是用黏合剂来黏合。黏合是通过怎样的机制实现的呢? 根据原理不同,黏合有两种常见的类型。

化学黏合

其中一种黏合被称为化学黏合。两个物体 A、B 和黏合剂之间产生新的化学键,其结果是 A–(黏合剂)–B,A 和 B 通过黏合剂被黏合在了一起。

化学键有离子键和金属键等很多种类,但一般来说,最牢固的键还是共价键。但是,共价键起作用的黏合例子并不多。最常见的是通过氢键来实现黏合的。氢键是两个原子同时吸引一个氢原子的非共价键,虽然强度不如共价键,但是只要物质中存在大量氢原子,就存在通过氢键实现化学黏合的可能性。

锚定黏合

另一种黏合被称为锚定黏合。就像船上的锚能钩住礁石从而固定船只一样,黏合剂也能将两个物体 A 和 B "钩连"在一起。所有物体的表面,无论肉眼看起来多么光滑,从原子层面来看都是凹凸不平、坑坑洼洼的状态,黏合剂正是进入这些微小孔洞中并固化的。很多黏合剂都含有水,使用的时候是软软的流体状态。把它涂在物体 A 上,一部分黏合剂就会进入 A 表面的孔洞中,这时候再覆上物体 B 的话,黏合剂也会进入 B 表面的孔洞中。

一段时间后水蒸发完全，黏合剂就固化了。这时的黏合剂就像锚一样卡在这些微小孔洞中。用米饭做成的糨糊利用的就是典型的锚定黏合。

图2-8　两种不同的黏合

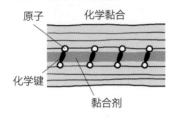

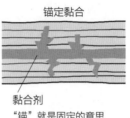

"锚"就是固定的意思

◆ 瞬干胶

　　瞬干胶（万能胶）是一种基于锚定黏合原理的常见黏合剂。这种胶能在短短几秒内硬化，而且提供的黏着力十分强大。在横截面为 1 厘米 ×1 厘米的铁棒上涂上瞬干胶时，铁棒的末端即使黏上 150 千克的铁块也不会断开。

　　瞬干胶的黏合机制是怎样的呢？在黏合的过程中，发生的是高分子聚合反应。高分子是由几万个小的单体分子连接而成的长分子。想一想链条，无论多么长的链条，都是由形状简单的小圆环连成的，这个环就是单体分子。

　　瞬干胶在使用之前，单体分子处在分散的状态，还没有形成链条。但是，当瞬干胶被从容器里挤出来的时候，单体分子就开始发生聚合反应，在几秒钟内成千上万的单体分子连接在一起变成高分子并固化。

固化前的瞬干胶像水一样具有流动性，可以渗入到黏合面的无数小孔洞里，渗透完全后才逐渐完成固化，这就像在孔洞里插入了无数个锚。这就是瞬干胶为什么具有如此强大的黏着力。

● 聚合反应

那么，为什么瞬干胶会快速固化呢？这取决于下面所示的化学反应。其中，空气中无处不在的水分子（H_2O）是反应的关键。水分子与黏合剂的单体分子——氰基丙烯酸酯分子作用时，产生中间体 2。这个中间体再与单体分子 1 反应，变成它们的结合形式 3。这样的反应不断进行的话，最终会产生由成千上万个单体分子 1 结合而成的高分子 n。

图2-9　瞬干胶的聚合反应

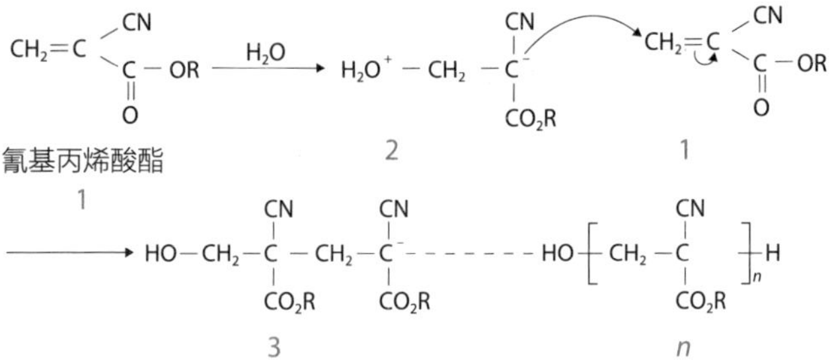

70

详情请看第 178 页

2-5 干燥剂遇水就会产生危险?

在食品包装内部，经常会看到写有"干燥剂"的小袋子。干燥剂有很多种类，食品包装里用的大部分都是硅胶（SiO_2）。而在更早之前，用生石灰（CaO）来干燥食品才是主流。用于去除室内湿气的干燥剂则是氯化钙（$CaCl_2$）。它们的干燥机制各不相同。

● 硅胶

用于干燥的硅胶为像小玻璃珠的球状颗粒。在硅胶表面有很多肉眼看不到的微孔，这就使得硅胶与空气接触的面积大大增加了。分子与分子之间存在的分子间作用力（范德瓦尔斯力）使得分子彼此吸引。硅胶分子和水分子之间也有类似的吸引力。硅胶通过微孔吸收空气中的水分子，保护食品不受潮。硅胶无毒无害，是很安全的干燥剂。

● 生石灰

生石灰（氧化钙）吸收水分是因为它能与水反应，转变成熟石灰（氢氧化钙）。在球场上画白线时使用的粉末就是熟石灰，它有时也作为肥料（中和剂）被撒在田地里。生石灰作为干燥剂有一个严重的缺点，就是吸水的反应伴随着强烈放热。如果婴儿

$$CaO + H_2O \rightarrow Ca(OH)_2$$

氧化钙 　　 水 　　 氢氧化钙

误食了，口腔就会被灼伤，引发糜烂。如果生石灰被随意丢进厨余垃圾中，还会与其中的水分剧烈反应，甚至有可能引起火灾。

市面上有一种自热盒饭，只要将发热包与水混合，食物就会被加热。自热盒饭的热源就是生石灰的吸水反应，可见其放热程度之剧烈。生石灰是很危险的，使用时要十分小心。

图2-10　生石灰的反应

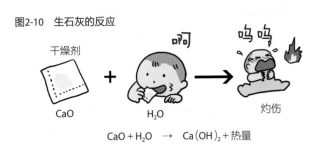

$$CaO + H_2O \rightarrow Ca(OH)_2 + 热量$$

生石灰干燥剂和水反应时剧烈放热，要小心火灾和灼伤！

氯化钙

在壁橱和汽车内去除湿气时，常使用氯化钙。它和水结合的能力很强，而且反应一段时间后就会软化，这种现象被称为潮解。放氯化钙的除湿包或容器在长期使用后会有积水，就是这个原因。当然，氯化钙一旦潮解太严重了就会失去干燥能力，所以必须更换新的。氯化钙干燥剂在密闭空间的干燥效果显著，但对开放空间（大堂或会议厅）的干燥能力不足，这时应该依靠空调来干燥除湿。氯化钙潮解后产生的水味道苦涩，而且对人体有害。为了不让宝宝误饮，需要格外注意哦。

图2-11 氯化钙的反应

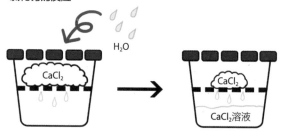

氯化钙会吸水溶解，这种性质叫作潮解性。

其他干燥剂

不纯的酒精中往往含有水分，除去水后的乙醇被称为无水酒精。像这样，从有机溶剂中去除作为杂质的水也被称为"干燥"。实验室中为了实现完全无水的目标，会使用五氧化二磷（P_2O_5）和金属钠（Na）来除水。它们都能与水发生化学反应，是十分强力的干燥剂，但由于太危险了，一般不会在家庭日常中用到。

$$P_2O_5 \ + \ 3H_2O \ \rightarrow \ 2H_3PO_4$$
五氧化二磷　　　水　　　　磷酸

$$2Na \ + \ 2H_2O \ \rightarrow \ H_2 \ + \ 2NaOH$$
金属钠　　　水　　　氢气　　氢氧化钠

硅胶看起来像透明的玻璃珠

其实有很多微小的孔隙哦

水分子

正是由于这些微孔，硅胶才能吸收大量的水分子呀

顺便一提，用木炭吸附水汽和异味也是同样的原理哦

啊，好像见过

这你都知道？

桐木衣柜也是日本传统嫁妆呢

聪明的古人还想到了用桐木来制作衣柜

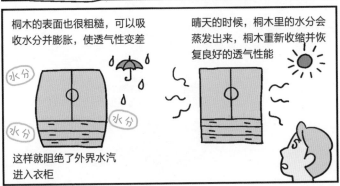

桐木的表面也很粗糙，可以吸收水分并膨胀，使透气性变差

晴天的时候，桐木里的水分会蒸发出来，桐木重新收缩并恢复良好的透气性能

水分

水分

水分

这样就阻绝了外界水汽进入衣柜

2-6 脱氧剂有什么用?

如上一节所述,食品包装里都会配有干燥剂。近些年,在原有的干燥剂之外,往往还能看到一袋脱氧剂。为什么食品包装里会使用到脱氧剂呢?

● 氧气的危害

氧气(O_2)和氮气(N_2)是空气的主要成分,其中氧气的体积占比约为21%。顺便说一下,空气中浓度第三高的是氩气(Ar),占空气体积的1%左右,这似乎是个不为人知的冷知识呢。至于排名第四的二氧化碳(CO_2)体积占比不过0.03%。水蒸气我们暂且不做讨论,因为它的浓度根据场所或环境变化而导致的波动实在太大了。

氧是非常重要的元素,至少对哺乳动物来说,没有氧气就无法生存了。哺乳动物利用氧气来消化吸收到体内的营养物质,利用营养物质释放的能量进行生命活动。

图2-12 空气的成分(体积分数)

氩气
0.934% —————— 其他

氧气
20.946%

氮气
78.084%

氧的化学活性很高，几乎能和所有元素反应生成对应的氧化物。地壳中的岩石就是由各色各样的氧化物构成的，所以构成地壳的元素中氧的质量含量是最高的。无一例外，氧气也能与所有的食品发生反应。其结果就是，食品的风味变差，甚至腐败变质。如何防止这种反应呢？一个很简单的思路就是不让食物接触到氧气。

隔绝氧气

为了不让食物接触到氧气，具体有三种可行的方法。第一种是将食品包装（如塑料包装）中的空气抽干，即真空包装。但是，让塑料层紧紧贴着食物总让人不太放心。第二种方法是从包装中抽出空气，并填充与食品不发生反应的惰性气体。常见的惰性气体有氮气和氩气等。氩气一般被填充在白炽灯泡里，可以防止钨丝汽化或氧化。但是这种方法使用了氮气和氩气，因此成本较高。第三种方法则在包装中先填充空气，再设法除去其中的氧气。

脱氧剂

在第三种方法中使用到的就是脱氧剂，即能除去氧气的物质，也被称为还原剂，它们很容易和氧气发生反应。

食品包装内的脱氧剂必须是比食品更容易与氧气反应的物质。另外，脱氧剂本身不能有气味和味道，被氧化后产生的氧化物也不能有任何气味和味道，否则就不能和食品混装。最后，成本当然是越低越好。

因此，现在主流的脱氧剂是铁粉（Fe）。铁与氧气反应生成氧化亚铁（FeO）和氧化铁（Fe_2O_3）。也就是说，铁有与氧气反应以清除氧气的能力，并且它的除氧能力很强。以前曾发生过挖井工人在刚挖好的井里窒息而死的事故。这是由于挖井使得地下的氧化亚铁暴露出来，它们与氧气反应生成氧化铁，同时把井内的氧气完全消耗掉了！

$$2Fe + O_2 \rightarrow 2FeO$$

铁　　氧气　　氧化亚铁

$$4FeO + O_2 \rightarrow 2Fe_2O_3$$

氧化亚铁　　氧气　　氧化铁

图2-13　井下的缺氧环境

在水井或下水道内，请时刻注意缺氧环境！

这样的时代会到来吗？

79

2-7 暖宝宝是如何发热的？

在寒冷的早晨，把手放进装有暖宝宝（暖贴）的大衣口袋里，甚至会让人觉得一整天都充满活力。为什么暖宝宝不用火柴也不用打火机，只是一个小小的无纺布袋，就能产生如此多的热量呢？

反应热

所有的原子和分子都具有固定的内能。发生化学反应时，反应物在分子结构上发生了变化。当然，该过程中发生变化的不仅是分子结构，分子所具有的能量也会发生变化。

能量发生变化意味着反应物的能量和生成物的能量不相等，这个能量差被称为反应热。

烧炭会发热变暖，这里发生的是碳（C）和氧气（O_2）反应（氧化）生成二氧化碳（CO_2）的化学反应。该反应的反应物是碳和氧气，生成物是二氧化碳。但这只描述了反应的物质变化。除此之外，这个反应还伴随着能量的变化。

$$C + O_2 \rightarrow CO_2$$

碳　　氧气　　二氧化碳

图 2-14 反映了该反应的能量变化。反应物的能量，即碳和氧气的能量之和比生成物二氧化碳的能量高。也就是说，该反应在两种物质体系之间产生能量差 ΔH。多出来的能量被释放到外

部。这些能量变成了热，使环境温度升高。这里的 ΔH 就是反应热，这个反应属于燃烧反应，所以 ΔH 在该反应中也被称为燃烧热。

图2-14　反应热

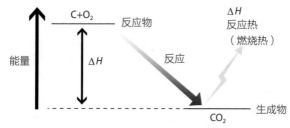

从高能状态变为低能状态，反应体系会释放能量。

● 暖宝宝

暖宝宝是如何产生反应热的呢？实际上暖宝宝具有和碳的燃烧反应相似的原理。但是，暖宝宝用铁（Fe）代替碳（C），然后使用少量盐水作为催化剂，使反应得以快速进行。在使用前揉搓暖宝宝，是为了让铁和盐水充分接触。然后铁和氧气会发生放热反应，生成氧化铁（Fe_2O_3），反应本身非常简单。正因如此，最初想把这个反应应用到暖宝宝上，并致力于商品化的人，都是思路明确、不怕失败、勇于实践的人。

$$4Fe \quad + \quad 3O_2 \quad \rightarrow \quad 2Fe_2O_3$$
铁　　　　氧气　　　　氧化铁

自热速食自带一个加热装置，不用火也不用电却能大量产热。拉一下包装上的绳子，整个包装就会变热，里面的食物也会变热。

那么自热速食的发热原理是什么呢？这其实也很简单，前文提到过。它的发热装置分为两部分，一侧装生石灰（氧化钙），另一侧装水。拉开绳子的话，隔在中间的障碍被移开了，生石灰与水反应生成熟石灰（氢氧化钙），同时释放出反应热。

$$CaO \; + \; H_2O \; \rightarrow \; Ca(OH)_2$$

氧化钙　　　水　　　氢氧化钙

一般而言，当分子被氧化时，氧化产物的化学能会降低，因此氧化反应会释放能量。我们需要不断饮食以维持生命也是基于这个原理。换言之，通过代谢反应消化食物的本质就是将食物氧化，并释放出大量的反应热。正是这些能量支撑着我们进行各项生命活动。

图2-15　自热速食的奥秘

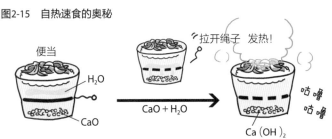

生石灰一掺水就会剧烈发热，在使用时要千万注意。

现在

过去

一次性暖宝宝真的好方便呀！

招手

笑

招手

给你！

笑

把加热了的石头用纸包好

咻~

揣在怀里

到了午饭时间

我带了便当！

您好

让您大老远跑过来却没准备吃的……

咻~

实在没办法啊，我只好把这个揣在怀里了

啊~

这样可以缓解饥饿

不一会儿就咕噜作响了

日本饮食文化里的"怀石料理"一词就是这样来的

真的假的……

我也不知道……

在外面也能吃到热乎乎的饭，真幸福啊♪

热乎乎

氧化反应释放的热量太管用了！

2-8 为什么瞬冷冰袋能快速降温？

瞬冷冰袋，或称化学冰袋，能让人忘记夏天的炎热，在酷暑中舒一口气。这与暖宝宝的作用完全相反，瞬冷冰袋一捏就会变凉。将其用毛巾包起来敷在脖子上，还能缓解中暑症状。为什么捏一捏袋子就能降温呢？

● 瞬冷冰袋的内部

瞬冷冰袋的组成和包装结构都很简单。袋子有两层，分别是装有粉末的外袋和装有水的内袋。拍打或揉捏冰袋会使装有水的内袋破裂，粉末会溶解到水里，带走周围的热量，因此得以降温。

瞬冷冰袋的关键在于外袋的粉末。这是一类溶解后会变冷的物质，例如硝酸钾（KNO_3）。硝酸钾含有氮（N）和钾（K），可以作为化学肥料使用；它还含有大量的氧（O），具有很强的氧化性，可以用来制作火药。

● 冷却原理

为什么像硝酸钾这样的盐溶解后会变冷呢？

"溶解"是什么？

硝酸钾是在溶解的过程中降温的。从化学角度来说，"溶解"是指物质分子彼此分离，由水分子围绕在物质分子周围。这被称为水合反应（水化）。

我们知道，面粉是不溶于水的。因为面粉是由淀粉这种长螺旋形的像弹簧一样的大分子相互缠绕而成的，不可能分离成一个个小分子。

硝酸钾分子则要小得多，所以很容易分散成独立的小微粒。溶于水后，分子中的钾离子（K^+）和硝酸根离子（NO_3^-）彼此分离并被水分子包围。

晶体破坏（吸热）

粉末物质大多是晶体。晶体是由许多分子有规则地紧密排列而成的三维结构。如果微粒以非常短的距离排列，分子之间就会产生微弱的吸引力，即分子间作用力。

正因为分子间作用力的存在，分子之间才具有了结合能。也就是说，晶体由于结合能而更加稳定。如果要想破坏晶体结构，将分子一个个分离，或打破化学键将分子变成离子，就必须从外部供给能量。这就是吸热反应。以硝酸钾为例，为了分离钾离子和硝酸根离子，晶体需要吸收额外的能量。

水合反应（放热）

但是，在水合状态下，钾离子和硝酸根离子是被水分子包围的。也就是说，这些离子和水分子之间通过分子间作用力建立起新的结合。这个过程与前面提到的晶体破坏过程相反，会释放结合能。这就是放热反应。

图2-16　瞬冷冰袋的原理

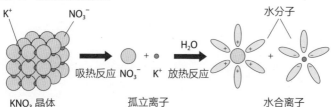

● 总结

综上所述，硝酸钾粉末的溶解由两个过程组成：①吸收能量使晶体破碎并离子化；②释放能量使孤立离子水合。两个过程在能量进出上是完全相反的。也就是说，比较①和②的能量（的绝对值）哪个大，就能判断物质在溶解时会变冷（净吸热）还是变热（净放热）。硝酸钾溶解时，过程①占主导，所以会变冷。相反，氢氧化钠（NaOH）在溶解时会变热，变成非常危险的热碱液。

图2-17　吸热反应和放热反应

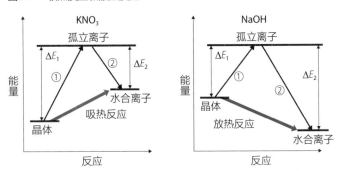

晶体破坏是吸热的，离子水合是放热的。两者的大小关系决定了总反应是吸热还是放热。

2-9 怎样才能让塑料导电?

生活常识告诉我们，主要由碳元素和氢元素组成的有机物不会导电，也不会附带磁性。但是，2000 年的诺贝尔化学奖打破了这个常识。日本科学家白川英树博士的研究指出，特定的有机物会导电，也会附着在磁铁上。不仅如此，甚至还存在具有超导性质的有机物。我们对有机物的认识发生了很大的变化。在未来，有机物也许可以代替金属材料。

绝缘高分子

电子的定向流动形成了电流。换言之，如果想让物体有导电性，就要提供能够自由移动的电子，还要创造出便于电子移动的环境。

说到能导电的物质，就不得不提金属。金属原子最外层有一种不受束缚的电子，叫作自由电子，它们可以自由移动从而产生导电性。但是有机物中没有可以可自由移动的电子，因此不能导电。

怎样才能使有机物具有导电性呢? 为此，我们必须制造出能够移动的电子。幸运的是，双键电子很容易移动。那么，如果形成排列有很多双键的分子，电子不就能从分子的一端移动到另一端了吗?

在这种想法下，聚乙炔就被制造出来了。它是由具有碳碳三键的乙炔聚合而成的，内部有成千上万个双键紧密排列。制造聚乙炔的方法与传统的聚合反应类似，因此制造过程很简单。遗憾的是，人们对合成得到的聚乙炔的导电性进行研究后发现，聚乙炔是绝缘体。

发现导电高分子

关于导电高分子的发现，姑且不论是真是假，流传着一个有趣的故事。据说有一次，白川老师的学生用碘（I_2）进行制备实验。由于碘易升华，所以装有紫黑色碘晶体的玻璃圆筒上部充斥着碘蒸气，呈浅茶色。

实验结束后，白川老师在检查仪器时发现了学生的疏漏之处。原来，存放碘的圆筒上盖着聚乙炔塑料薄膜。薄膜背面因为被碘蒸气熏蒸而变成了茶色。

白川没有漏掉这个细节不管，反而专门测量了这块聚乙炔样品的导电性，结果大吃一惊。后面便有了导电高分子的故事。

图2-18　导电高分子的发现

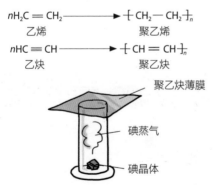

如果在绝缘的聚乙炔中掺杂碘，就会让它导电吗？

● 掺杂的效果

在科学研究中，没有比发现新现象更棒的成果了。很多理论和规律都是事后才解释清楚的。

所以，在发现神奇的新现象后，人们逐渐了解聚乙炔掺杂碘后能够导电的原理了。电子就像行驶在道路上的汽车。如果道路宽度不变，车太多的话就会堵车而动不了。聚乙炔链就是这种状态。那么，如何让车动起来呢？很简单。只要挪开一辆车就行了。

碘起到的就是这个"挪车"作用。它具有吸引电子的性质，可以通过夺取聚乙炔双键的电子而使电子动起来。像碘之类的杂质被称为掺杂物，掺杂物的加入激发了原来聚乙炔样品的导电性。

导电高分子被用于 ATM 机的触摸面板、锂离子电池的电极等场景，今后也将广泛应用于有机发光二极管和有机太阳能电池电极等领域。

图2-19　碘掺杂前后的对比图

把车（电子）挪开的话

聚乙炔中明明有很多电子，可是为什么不能导电呢？

这些电子并不能自由移动，就像堵死的汽车一样

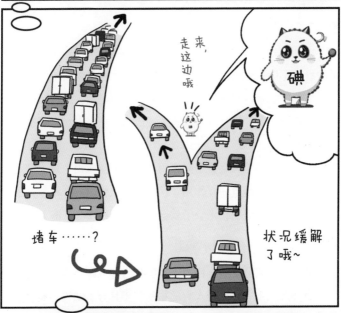

来，走这边哦

碘

堵车……？

状况缓解了哦~

你如果真能理解就好了……

加入碘就可以了，它能使汽车分流

拍手！！

在纸尿裤和女性卫生用品中，广泛使用到了超吸水高分子。布和纸张等日常用品都能吸水，但超吸水高分子的神奇之处在于它能吸收相当于自身重量 1000 倍的水。这么多的水，是如何被吸收的呢？

● 毛细现象

纸和布为什么会吸水？"因为那是毛细现象"——这样简单的解释并不能令人信服。"毛细现象"这个词是专门给纸吸水这类现象起的名字，对现象的原因没有做任何说明。就像问"为什么会下雨呢？""那是因为水蒸气变成水掉下来啦。"真是完全无用的回答。

毛细现象的原因是分子间作用力。分子间作用力是一定距离内的分子之间的静电相互作用。这种力使纸张内的纤维素分子和水分子之间相互吸引，水分子就会吸附在纤维素分子链上。

● 超吸水高分子的吸水能力

但是，仅凭分子间作用力无法解释为什么超吸水高分子的吸水能力如此之强。超强吸水力的秘密在于其分子结构。超吸水高分子有像笼子一样的分子结构。吸收进来的水分子被抓到笼子里并保存起来。这说明了超吸水高分子的保水性，但还不足以说明吸水力。吸水力的秘密在于笼状结构里的成分。

笼状结构中存在很多的羧酸钠官能团[⊖]（—COONa），如果水分子进入笼状结构，这个官能团就会解离，形成带负电的羧酸根（—COO⁻）和带正电的钠离子（Na⁺）。

$$R—COONa \ \rightarrow \ R—COO^- \ + \ Na^+$$

此外，带同种电荷的离子之间还会发生静电排斥。也就是说，通过与笼子绑定的羧酸根之间的相互排斥，笼子就会膨大。膨大的笼子可以储纳更多的水。于是，其他更多的羧酸钠也解离了，笼子又变大了。如此反复，水就会逐渐被吸收完全了。

图2-20　保水和吸水的结构

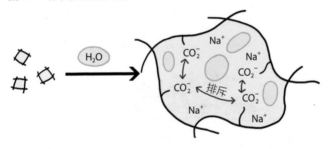

由于吸水笼子不断扩大，吸水力显著增强了。

● **超吸水高分子的用途**

超吸水高分子不仅用于纸尿裤和女性卫生用品，在超市的生鲜食品中附带的保鲜剂中也有使用。在保鲜剂中，这种高分子的

⊖ 官能团：决定有机物化学性质的原子或原子团。——编者注

保水能力起到了重要作用。因为有了这些高分子，水就会变成果冻状，即使包装袋不小心破了，水也不会漏出来，食品也不会泡水变质。

还有更厉害的应用呢——沙漠绿化！现在，地球上的一些地区正在逐渐沙漠化，如果不加以控制，后果将不堪设想。超吸水高分子就是解决该问题的得力工具之一。

在沙漠里埋设这种高分子，在上面种植植物，然后浇水。这样一来，这些高分子就会吸水并储存在自己体内。植物可以在一段时间内靠这些水生长。因此，浇水间隔可以延长。这对管理者来说是非常难得的好事情。等到植物长大后，只要储存足量的水就能维持生长了。

图2-21　沙漠绿化工程

超吸水高分子

让沙漠变成绿洲！

化学也可以改善环境！

超吸水高分子的

吸水力　和　保水力

两者都很厉害！

也就是说……

很会招揽顾客

快来看看！啤酒屋 2000 日元随便喝哦！

我们有 3 个人

进去吧

优惠仅限前 10 位顾客

被招揽进来后，会自动推介给新的顾客

大家一起来吧！！

我就去！

你请客！

感兴趣

我来啦

客流量增加了，店面也越开越大了

还能进去吗？

嗯，我店在室外也开设了新的座位！

是不是很像这种？

 你想象力好丰富啊……

专栏　生命源泉：身体内部的化学反应

在"日常生活中的化学反应"这一章内讲到的都是身边发生的事情，但其实离我们更近的是"身体内部的化学反应"。因为生物也可以看作是一个巨大的"化学反应的装置"。

我们的身体内部一刻不停地进行着化学反应，无论多么废寝忘食的化学家都不例外。喝酒也是发生反应的开端。乍一看好像喝得很不检点，但那只是外表，体内会进行化学反应来氧化乙醇。然后，从氧化反应中获得的能量可以维持醉汉继续唱歌，在繁华的街道徘徊，回到家敲玄关的门。

但是，体内的化学反应并没有就此结束。因为乙醇氧化后产生的乙醛对人体而言是有害物质。即使第二天当事人因为宿醉而头疼，体内也会不停地进行氧化反应。后续反应将乙醛转化为乙酸，进而转化为二氧化碳和水，使其对人体无害。

化学反应才是生命的源泉啊。

图2-22　酒精的氧化

$$CH_3CH_2OH \rightarrow CH_3-C{\overset{O}{\underset{H}{}}}$$

乙醇　　　乙醛

$$\rightarrow CH_3-C{\overset{O}{\underset{OH}{}}} \rightarrow CO_2 + H_2O$$

乙酸　　　二氧化碳　水

第3章

环境与
化学反应

如果我们赖以生存的自然环境被污染了，我们就失去了生存空间。一些化学物质会污染环境。同时，我们也需要化学来净化肮脏的环境。酸雨、臭氧层空洞、全球变暖……为了解决这些问题，我们应该采用什么样的化学反应呢？化学学科不断开发着新的化学反应，以解决日益复杂的环境问题。

3-1 pH 值为多少时会形成酸雨？

如今的地球被好几个环境公害所困扰。其中一个是全球变暖的问题，另一个是保护地球不受有害宇宙射线侵害的臭氧层破坏问题。另外，还有本节要讲到的酸雨问题。

酸性和碱性的区别

酸雨，顾名思义就是呈酸性的雨。水（H_2O）中含有氢离子（H^+）和氢氧根离子（OH^-）。普通的水中氢离子和氢氧根离子的浓度相等，这种状态被称为中性。但是有些水含有较多的氢离子，这种状态被称为酸性。相反，氢氧根离子较多的状态被称为碱性。

$$H_2O \rightarrow H^+ + OH^-$$

水　　氢离子　　氢氧根离子

表3-1　酸性、中性、碱性

溶液的酸碱性	酸性	中性	碱性
氢离子的数量	$H^+H^+H^+$ $OH^-H^+H^+H^+$ $H^+H^+OH^-$ $H^+H^+H^+$	OH^- $OH^-H^+H^+$ $H^+OH^-H^+$ $OH^-H^+OH^-$	OH^-OH^- OH^-H^+ $OH^-H^+OH^-$ OH^-OH^-
定性分析	H^+ 比 OH^- 多	H^+ 和 OH^- 一样多	OH^- 比 H^+ 多

溶液是酸性、中性还是碱性，是由其中氢离子的数量决定的。

● 什么是pH值？

氢离子的浓度用 pH 值这个指标表示。中性溶液的 pH 值为7，数值小于 7 为酸性，大于 7 为碱性。pH 值每差 1，氢离子的浓度就差 10 倍。pH 为 5 的酸性水比 pH 为 6 的酸性水的酸度高 10 倍，即氢离子浓度高 10 倍。

图3-1　pH值

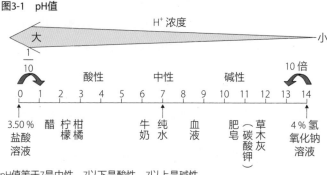

pH值等于7是中性，7以下是酸性，7以上是碱性。

酸雨的 pH 值显然小于 7。那么普通的雨是中性（pH 为 7）的吗？并不是这样的。普通的雨也是酸性的。这又是为什么呢？

空气中约有 0.03% 体积浓度的二氧化碳（CO_2）。雨在降落过程中会吸收空气中的二氧化碳。二氧化碳和水反应会变成碳酸（H_2CO_3），然后碳酸电离释放出氢离子。结果，普通的雨也变成酸性的了。

$$CO_2 \ + \ H_2O \ \rightarrow \ H_2CO_3$$

二氧化碳　　　水　　　　碳酸

$$H_2CO_3 \ \rightarrow \ H^+ \ + \ HCO_3^-$$

碳酸　　　氢离子　　碳酸氢根离子

何谓酸雨?

酸雨,是指 pH 值小于 5.6 的雨。

那么,为什么会产生酸雨呢?那是硫氧化物(SO_x)和氮氧化物(NO_x)在捣鬼。二氧化硫(SO_2)是硫氧化物的一种,溶于水时会变成亚硫酸(H_2SO_3),释放出氢离子。氮氧化物也是如此。五氧化二氮(N_2O_5)在水中溶解后变成硝酸(HNO_3)。

硫氧化物和氮氧化物是由石油和煤炭等化石燃料燃烧产生的。也就是说,酸雨的原因在于化石燃料的燃烧。

$$SO_2 + H_2O \rightarrow H_2SO_3 \rightarrow H^+ + HSO_3^-$$

二氧化硫　　水　　　　亚硫酸　氢离子　亚硫酸氢根离子

$$N_2O_5 + H_2O \rightarrow 2HNO_3 \rightarrow 2H^+ + 2NO_3^-$$

五氧化二氮　　水　　　　硝酸　　氢离子　硝酸根离子

酸雨的危害

酸雨会使金属生锈。混凝土原本是碱性的,但被酸雨侵蚀中和后,机械强度就会下降。混凝土一旦出现裂痕,酸雨就会从那里侵入,内部的钢筋就会生锈。结果就是,钢筋生锈后体积膨胀,使得裂纹越来越大。

在酸性过强的湖沼中,水栖动物难以居住。植被淋到酸雨后容易枯萎,山的水土保持能力就会下降,即使下的是零星小雨也会形成洪水,冲走山表面的肥沃土壤。结果,植物彻底从山上消失,山上最终变成一片荒漠。

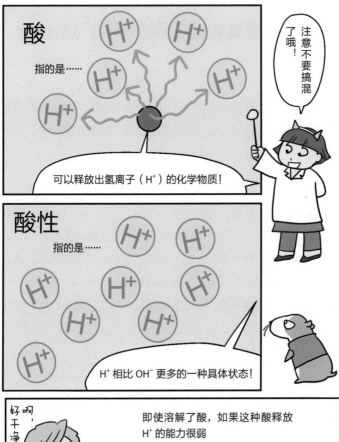

酸

指的是……

可以释放出氢离子（H⁺）的化学物质！

注意不要搞混了哦！

酸性

指的是……

H⁺ 相比 OH⁻ 更多的一种具体状态！

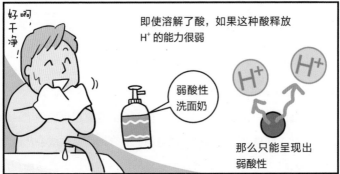

好啊，干净！

即使溶解了酸，如果这种酸释放 H⁺ 的能力很弱

弱酸性洗面奶

那么只能呈现出弱酸性

3-2　造成臭氧层空洞的"元凶"是什么？

太阳等恒星的内部发生着氢原子的核聚变反应，它就像一个巨大的氢弹，会释放出高能宇宙射线。来自太阳的宇宙射线也会有一部分照射到地球。如果持续受到这种宇宙射线的照射，地球将寸草不生，没有任何生命得以幸存。

● 臭氧层是地球的屏障

但是，生命最终还是在地球上存活了下来。为什么呢？那就是在地表上空有一层保护地球免受宇宙射线侵扰的臭氧层。

臭氧层中的臭氧分子（O_3）起到了重要的屏障作用。臭氧是由氧原子构成的，氧气（O_2）也是由氧原子构成的，区别在于分子中氧原子的数量不同。臭氧是如何抵挡住宇宙射线的呢？那就是下面的化学反应。

$$2O_3 \ + \ 能量（宇宙射线）\ \rightarrow \ 3O_2$$
臭氧　　　　　　　　　　　　　　氧气

也就是说，臭氧能吸收宇宙射线的能量，使其无害化。

● 臭氧层空洞的发现

在 20 世纪 80 年代，人们在南极上空的臭氧层里发现了一块残缺区域，并将其命名为臭氧层空洞。有害的宇宙射线会从这个空洞照射进来。结果是离南极洲较近的地区的居民的皮肤癌和白内障患病率激增。臭氧层空洞形成的原因是什么？调查的结果指向氟利昂。

图3-2　臭氧层空洞

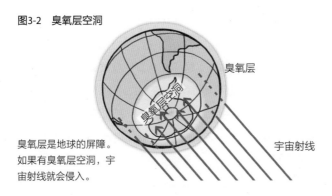

臭氧层

宇宙射线

臭氧层是地球的屏障。如果有臭氧层空洞，宇宙射线就会侵入。

氟利昂的反应

　　氟利昂不是自然界中原本就有的化学物质。氟利昂是由碳（C）、氟（F）和氯（Cl）形成的一类化合物的统称，种类很多。氟利昂的沸点一般都很低，容易挥发成气体。在冰箱和空调的制冷器、喷雾器甚至精密电子设备的清洗环节都大量使用了氟利昂。

　　氟利昂非常稳定，最初被认为是对生物无害的，因此甚至被称为"梦幻化合物"。氟利昂破坏臭氧分子的机制，以结构最简单的种类三氯氟甲烷（CCl_3F）为例的话，如下式所示。

CCl_3F + 紫外线 → $CCl_2F\cdot$ + $\cdot Cl$　　（反应式1）
三氯氟甲烷　　　　　　　　　氯自由基

$\cdot Cl$ + O_3 → O_2 + $\cdot ClO$　　（反应式2）
氯自由基　臭氧　　氧气　　一氧化氯自由基

$$2 \cdot \text{ClO} \quad \rightarrow \quad \text{O}_2 \quad + \quad 2 \cdot \text{Cl} \qquad (\text{反应式 3})$$

一氧化氯自由基　　　氧气　　　氯自由基

　　三氯氟甲烷（CCl_3F）被宇宙射线中的紫外线分解，产生氯自由基（·Cl）。氯自由基和臭氧反应，把臭氧分解成氧分子（O_2）和一氧化氯自由基（·ClO）。这样，臭氧层就被破坏了。

　　其实，更大的问题还在后面。从氟利昂产生的一氧化氯自由基会重新生成新的氯自由基。这意味着 1 个氟利昂分子可以多次重复破坏臭氧。事实上，1 个氟利昂分子据说可以破坏数千到 1 万个臭氧分子！

表3-2　不同种类的氟利昂

物质名称	化学式	分子量	沸点/℃	用途	全球增温潜能值（GWP）
氟利昂 11	CCl_3F	137.4	23.8	发泡剂、溶胶、制冷剂	4500
氟利昂 12	CCl_2F_2	120.9	−30.0	发泡剂、溶胶、制冷剂	7100
氟利昂 113	$CClF_2CCl_2F$	187.4	47.6	洗涤剂、溶剂	4500

要注意，氟利昂的全球增温潜能值也很大！

● 对策

　　1987 年多个国家签署蒙特利尔议定书（全名为"蒙特利尔破坏臭氧层物质管制议定书"）后，全球氟利昂的使用量和产量稳步减少。但是，氟利昂的密度比空气大得多，如果要到达遥远上空的臭氧层，依靠上升气流和对流需要数十年的漫长时间。也就是说，即使现在停止使用氟利昂，也不能立即解决臭氧层空洞的问题。

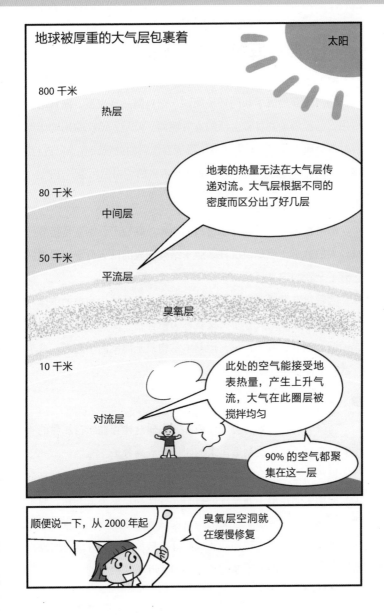

3-3 怎么应对"白色污染"?

塑料废弃物成了新的环境问题。塑料制品易成型，而且结实耐用，已经渗透到日常生活的方方面面。但是，结实耐用的优点有时也会成为缺点。因为这会使得废弃塑料的处理回收难以进行。难道就没有其他办法来应对废弃塑料带来的"白色污染"了吗？

● 什么是塑料？

塑料在化学上是高分子材料的一种。高分子，本意是指分子量较大的分子，或是说由许多原子结合而成的巨大分子，但现在它有了全新的含义。

随着化学发展，高分子特指由一种或数种结构简单的单体分子反复聚合而成的大分子，又被称为聚合物。高分子经常被比喻成锁链。锁链一般都很长，但基本结构只是简单的小圆环。这个环就是单体分子。

● 高分子的种类

高分子的种类繁多。像淀粉和蛋白质这样存在于自然界的叫作天然高分子，人类制造出来的叫作合成高分子。

聚乙烯等一般合成高分子在加热后会变软，属于热塑性高分子。而用于制作电子元器件的材料，即使加热也不会变软，属于热固性高分子。生活中常见的塑料就是热塑性高分子。将塑料加热后变成丝状，用力拉伸后制成的纤维被称为合成纤维。所以，塑料和合成纤维的分子结构是一样的。PET饮料瓶的原料就是一类聚酯纤维。

图3-3 高分子的分类

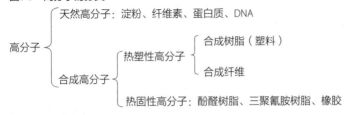

注：天然橡胶属于天然高分子哦

塑料废弃物

废弃的高分子材料就会被当作垃圾随意丢弃，但与一般垃圾不同的是，高分子垃圾不容易腐烂。因此，它们会一直在环境中维持原状。

站在码头上眺望大海时，以为漂在水面上的是水母，其实是塑料。你是否也有过这样的经历呢？我们人类当然能分辨出来，但海龟可要遭殃了。海龟如果以为那就是水母直接吃下去，可能会因肠梗阻而丧命。

在垂钓区的海岸边，漂浮着很多塑料钓鱼线。如果这些线缠住海鸟的脚，海鸟也可能因此丧命。

生物降解性高分子

能不能制造出可以在自然环境中降解的高分子材料呢？基于这样的呼声，科学家们开发出了可以被细菌分解的生物降解性高分子。

乳酸原本是乳酸菌产生的物质，相当于细菌的粮食，因此，乳酸产生的大分子自然会被细菌分解。用乳酸聚合而成的高分子比普通的高分子耐久性差。把聚乳酸浸泡在生理盐水中，不到半年就会分解掉一半。聚乙醇酸只需两三周就会分解掉一半。这样的材料是没法做成袋子或食品包装的。

但是，这些高分子也有自己的用途。用聚乙醇酸做成的线可用于手术缝合，它们在体内几周后就会被分解吸收。也就是说，不需要专门再做一次拆线手术，对患者来说减轻了负担，这是件好事情。但是，这种手术线不能用于缝合动脉。如果无法承受强烈的脉动，缝合处破裂的话，就会有生命危险。因此，可吸收的手术缝合线在医疗场所会涂上特别的颜色，以便于区分。

表3-3　生物降解性高分子

	生理盐水中的半衰期	用途
$\text{+CH}_2\text{CO—O+}_n$ 聚乙醇酸 （PGA）	2~3 周	手术缝合线
$\overset{\displaystyle CH_3}{\underset{聚乳酸}{\text{+CH—CO—O+}_n}}$	4~6 月	容器、衣服

生物降解性高分子的强度很低。

109

3-4　海水淡化要用到什么高分子？

地震和台风带来的灾害不仅仅是房屋倒塌、人员伤亡这样的直接损失，电线受损停电、水管破裂停水也是常有的事。即使是沿海区域，眼前的海水也不能作为生活用水使用。一边被水包围一边为缺水而烦恼的状况，有没有办法解决呢？其实总会有办法的，而且很简单。

● 什么是离子？

带电荷的原子或分子称为离子。离子分为带正电荷的阳离子和带负电荷的阴离子。号称对健康有益而闻名一时的"负离子"，指的是氢氧根离子（OH^-），它是阴离子的一种。

所有的金属原子都有释放电子成为阳离子的性质。钠（Na）放出 1 个电子，变成 1 价钠离子（Na^+）；铁（Fe）放出 3 个电子，变成 3 价铁离子（Fe^{3+}）。

除了金属阳离子之外，还有许多种其他离子。电中性的分子经常会电离成阳离子和阴离子。水虽然电离性质很弱，但也会电离出少量的氢氧根离子（OH^-）和氢离子（H^+），食盐（氯化钠，NaCl）溶于足量水的话几乎会完全电离成钠离子（Na^+）和氯离

$$H_2O \rightarrow H^+ + OH^-$$
水　　氢离子　氢氧根离子

$$NaCl \rightarrow Na^+ + Cl^-$$
氯化钠　　钠离子　氯离子

子（Cl⁻）。因此，当我们说海水中含有盐分，实际上指的是含有钠离子和氯离子。

离子交换树脂

　　高分子之一的塑料（合成树脂）包括有很多种类，离子交换树脂就是其中之一。离子交换树脂分为阳离子交换树脂和阴离子交换树脂。

　　例如，阳离子交换树脂可以将钠离子（Na⁺）交换为氢离子（H⁺），而阴离子交换树脂可以将氯离子（Cl⁻）交换成氢氧根离子（OH⁻）。离子交换的过程不需要加热也不需要通电，只需将离子交换树脂浸入盐溶液中即可。

图3-4　离子交换树脂的反应

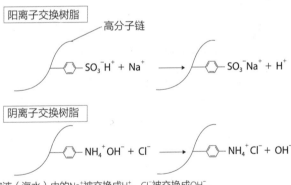

溶液（海水）中的Na⁺被交换成H⁺，Cl⁻被交换成OH⁻。

海水淡化

　　在玻璃圆筒里，填充被加工成砂状的阳离子交换树脂和阴离子交换树脂。从圆筒上部倒入海水，海水里的 Na⁺ 被交换为

H^+，Cl^- 被交换为 OH^-。结果就是，圆筒下面流出的是没有盐（NaCl）的淡水了。淡化过程不需要任何能量，只需把海水倒进圆筒就可以了。在电力和燃气等能源供应受到影响的灾害现场，利用离子交换树脂仍可以制造出淡水。

当然，这种树脂也不能无限制地淡化海水。如果树脂所具有的 H^+ 和 OH^- 全部被 Na^+、Cl^- 代替的话就不能使用了。但请放心，这并不是说这批树脂就完全报废了。如果用酸溶液或碱溶液冲洗一下，这种树脂就能恢复净水能力，所以它们可以多次重复使用。

图3-5　海水淡化技术

离子交换树脂不用加热也不用通电就能淡化海水，是救生船上的必备物品！

113

能分解 PCB 的超临界水是什么？

PCB（多氯联苯）是一种常见的有毒污染物。日本在过去几十年的时间里囤积了几万吨 PCB 废弃物，因为找不到有效的分解手段而被一直封存。近年来，人们终于开发出了有效的 PCB 分解方法。分解过程中使用到的超临界水，在性质上和普通的水大不相同。

● 什么是PCB?

PCB 具有如图 3-6 所示的分子结构，联苯上附着的 10 个氢原子被若干个氯原子所代替，氯原子的个数从 1 个到 10 个不等。如果同时考虑取代数量和取代位置的差异，就会发现实际上存在很多种 PCB。

图3-6 PCB的合成反应

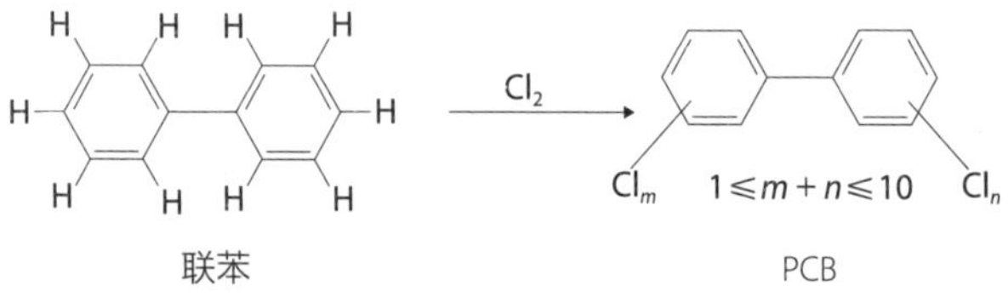

用氯原子代替联苯中的氢原子，就合成了PCB。

PCB 在自然界中并不存在，它于 1881 年首先在德国被研制出来，1929 年在美国开始大量工业生产。PCB 稳定性好，耐热、耐光、耐酸、耐碱，而且绝缘性好。由于 PCB 具有优异的性能，在世界各地被广泛用作变压器的绝缘油和润滑油。此外在热介质、印刷油墨等多个领域均有应用。因此，PCB 也被称为"梦幻化合物"。

● 日本米糠油事件

1968 年，西日本一带发生了米糠油事件。米糠油中混入了用作热介质的 PCB，误食了 PCB 的人随即出现了严重的皮肤病和肝病。

就这样，我们认识到了 PCB 的毒性，并逐渐停止使用。但问题并没有因此而得到解决。因为 PCB 十分稳定，无法分解成无毒产物，无奈之下，人们只能在研究出分解方法之前严格封存PCB。

● PCB的分解反应

许多化学家不断摸索 PCB 的分解方法。如果只是分解的话，燃烧就可以了，但这样一来有害的氯就会被释放到环境中。而且PCB 和二噁英[⊖] 在化学结构上就像亲兄弟一样，说不定在焚化炉中也会生成二噁英。想来想去，不能简单地把 PCB 烧掉。虽然有很多研究思路，但人们始终没有找到高效分解大量 PCB 的方法。近年来，化学家们终于开发出一种有效的方法，那就是使用超临界水这种特殊状态下的水。

超临界水是高温高压的水。液体变成气体的过程，俗称沸腾现象。在 1 个标准大气压（1 标准大气压 =101325 帕）下，水在100℃时沸腾，变成气态的水蒸气。但是，如果想在 2 个标准大

⊖ 二噁英：氯化合物燃烧后产生的有机物质（剧毒物质，强致癌物）。

气压下将水煮沸，就需要温度超过100℃。但是，在某个极高气压以上的环境中，无论多高温的水都不再会沸腾了。保持这种高温状态并降低压力的话，水就会在不知不觉中变成水蒸气。

也就是说，液态水可以不经过沸腾状态就变成气体。这种不会发生沸腾现象的高温高压状态就是超临界状态，这种水被称为超临界水。可以说，超临界水兼有液体和气体的性质。不仅如此，超临界水还能溶解有机物，还会表现出氧化能力。

使用这种水，就连PCB也能分解了。现在有些机构已经开展了PCB的分解业务。另外，超临界水可以被用作有机化学反应的溶剂。使用超临界水的话，就不存在有机废液了，对环境的污染也会降低。

图3-7　PCB的分解反应

高温高压的超临界水具有溶解和氧化有机物的能力，作为有机化学反应的新溶剂而备受关注。

在日本，现存的 PCB 据说有 5 万吨左右……

某所小学

滴答

老旧款的荧光灯如果老化或破损了，会有 PCB 泄露出来！

政府部门的复写纸也用到了 PCB 墨水，本应妥善保存的

后来经报社调查发现，有相当一部分含有 PCB 的纸张被随意丢弃了

性状稳定的物质给我们的生活带来了便利

但如果废弃后处理方式不当，它们也会对环境造成不好的影响

哎！

必须慎重对待

不能直接烧掉吗？

有没有好好听我说话……

燃烧也会产生有毒物质哦

是怎么给自来水消毒的?

自来水可以说是城市基础设施中最重要的一环。电和煤气如果中断几天还能忍受一下，自来水如果停了那就麻烦大了。饮用水枯竭会直接影响到生命健康。尽管我们理所当然地认为水龙头里流出来的水就该是无色透明、无味无臭的，但在消毒净化之前，这些水其实是存在于河流和湖泊中的天然水资源。

透明化

天然水里或多或少混杂着一些污染物，看起来有些浑浊。首先必须除去这些浑浊的杂质。大部分浑浊物放置一段时间后会沉淀到底部，水会变得透明清澈。但是，胶体粒子形成的浑浊物是不会自动沉淀的。

胶体粒子是由数百个蛋白质等大分子组成的稳定粒子。牛奶看起来白浊就是因为里面溶有胶体。胶体粒子表面带有电荷，由

图3-8　胶体粒子的絮凝

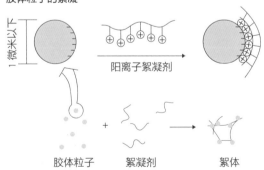

絮凝剂可以中和胶体粒子表面的电荷而使其絮凝。

于这些电荷相互排斥，所以胶体粒子不会聚集沉淀。在这种情况下，要加入高分子类的絮凝剂。因为絮凝剂的长链分子上带有很多电荷，所以它能与多个胶体粒子结合，使之凝聚。

● 自来水的消毒技术

自来水的消毒一般都是用次氯酸钙［$Ca(ClO)_2$］完成的。次氯酸钙的消毒作用归根结底是一类氧化作用，它能产生活性氧。

$$Ca(ClO)_2 \rightarrow CaCl_2 + 2[O]$$
次氯酸钙　　　　氯化钙　　　活性氧

但是，钙盐水溶液总有一种特殊的臭味，有时候发生副反应还会产生氯气（Cl_2）。氯气不仅本身是有毒物质，而且和水中所含的腐臭有机物反应的话，有可能会产生氯仿（$CHCl_3$）。从这一点来看，并不建议使用次氯酸钙来杀菌消毒。在最新最先进的工艺中，一般使用特殊的膜来过滤细菌。

● COD和BOD指标

水质的指标有需氧量和硬度。

需氧量是反映水中所含有机物浓度的指标。当我们用氧气对水体中的有机物进行氧化分解时，化学需氧量（COD）表示的正是该过程所消耗的氧气量。

另一方面，生物需氧量（BOD）表示使用微生物分解有机物时所需的氧气量。无论哪种，需氧量的数值都是越小越好的。

● 水的硬度

水有硬水和软水之分。两者是根据水中所含的矿物质（钙、镁等）的量来加以区分的。矿物质含量多的是硬水，少的则是软水。水的硬度是以碳酸钙（$CaCO_3$）的换算量来表示的。日本的水大多是软水。

以前，用肥皂（脂肪酸钠盐，RCO_2Na）洗涤衣物或餐具时，如果用硬水的话，肥皂会变成不溶性的脂肪酸钙盐 $[(RCO_2)_2Ca]$，所以说硬水是不利于洗涤的。现在人们一般很少用肥皂洗衣服了，所以硬水不再成为一个问题。

作为饮用水，软水好还是硬水好完全取决于个人喜好。一般在市场上出售的矿泉水，顾名思义含有大量矿物质，所以在分类上属于硬水。

表3-4　水的硬度

类别	硬度 /（毫克 / 升）
软水	0~60
稍硬水	60~120
硬水	120~180
极硬水	180 以上

表3-5　日本和全世界的水硬度对比

	钙离子 /（毫克 / 升）	镁离子 /（毫克 / 升）
日本平均	8.8	1.0
世界平均	15	4.1

矿泉水虽说是一种硬水，却是补充矿物质的绝佳选择。

3-7　如何处理废气中的硫氧化物和氮氧化物？

当代的环境污染，综合包括了全球变暖、臭氧层空洞、酸雨、光化学烟雾等各种各样的问题。作为一个化学家，我认为这些问题背后都是化学物质在捣鬼。根源性物质有二氧化碳、氟利昂、硫氧化物（SO_x）和氮氧化物（NO_x）。硫氧化物和氮氧化物到底是什么物质，它们会产生什么样的危害呢？

⬢ 硫氧化物和氮氧化物

煤炭、石油、天然气等所谓的化石燃料，里面都含有硫杂质和氮杂质。这些杂质作为燃料的一部分被燃烧之后，发生氧化反应产生硫氧化物和氮氧化物。

硫和氮的化合物是多种多样的，其中以氧化物为主。作为参考，我把其中的一部分整理成表格，请大家看一下。如果用各自

表3-6　硫及其化合物

S 的化合价	-2	0	2	4	6	7	8
化学式	H_2S	S	SO	SO_2	SO_3	S_2O_7	SO_4
性质	无色	-	无色	无色	白色	无色	白色
	气体	-	气体	气体	固体	油状	固体

表3-7　氮及其化合物

N 的化合价	-3	-2	-1	0	1	2	3	4	5
化学式	NH_3	N_2H_4	NH_2OH	N_2	N_2O	NO	N_2O_3	NO_2 N_2O_4	N_2O_5
性质	无色	无色	无色	无色	无色	赤褐色	黄色	无色	无色
	气体	液体	固体	气体	气体	气体	气体	液体	固体

硫和氮的化合物不仅有气体，也有液体和固体物质哦。

的化学式和名字来表示其中特定的氧化物，那将会非常复杂，这些氧化物在环境污染上的行为大抵相似。因此，既然硫氧化物是硫原子（S）和氧原子（O）以适当的比例（原子数比）结合，那就直接记为"SO_x"。我觉得这样缩写是个好主意！同样地，氮氧化物用"NO_x"表示。

硫氧化物和氮氧化物的危害

20 世纪 70 年代，日本三重县四日市持续发生了慢性烟雾污染和酸雨天气，史称"四日市烟雾事件"。调查结果表明，事件发生的原因是四日市当地的石油联合企业排出的废气中含有大量硫氧化物和氮氧化物，它们溶于水后都会变成酸。例如，二氧化硫气体（SO_2）与水反应后会产生亚硫酸（H_2SO_3），五氧化二氮（N_2O_5）溶解后变成硝酸（HNO_3）。

$$SO_2 + H_2O \rightarrow H_2SO_3$$
二氧化硫　　水　　　亚硫酸

$$N_2O_5 + H_2O \rightarrow 2HNO_3$$
五氧化二氮　　水　　　硝酸

也就是说，硫氧化物和氮氧化物溶进雨水中就会变成酸雨。而且氮氧化物也被认为是光化学烟雾的元凶。

消除硫氧化物、氮氧化物

幸运的是，被称为日本四大公害之一的四日市烟雾事件已经结束了。这是如何做到的呢？这是因为很多企业在工厂尾气端安装了脱硫装置，从废气中吸收了硫氧化物。现在，日本的企业设备和汽车等排放的硫氧化物量大幅减少。

脱硫装置有两种。一种是在燃烧前向燃料灌注氢气，将硫（S）转变成硫化氢（H_2S），从而提前分离出来。另一种是燃烧后的硫氧化物被碳酸钙（$CaCO_3$）吸收，变成硫酸钙（$CaSO_4$，石膏的主要成分）。硫化氢和硫酸钙都是重要的化学原料，现在从燃料预处理和废气的脱硫装置中就可以获得了，对企业来说是大有益处的。

$$S + H_2 \rightarrow H_2S$$
硫　　氢气　　硫化氢

$$SO_2 + CaCO_3 \rightarrow CaSO_4 + CO$$
二氧化硫　碳酸钙　　硫酸钙　　一氧化碳

另一方面，氮氧化物需要一种专门的三元催化剂来分解，这是一种含有铂等贵金属的高性能催化剂。具体过程如下：

①将废气中的氮氧化物分解为氮气（N_2）和氧气（O_2）

$$NO_x \rightarrow N_2、O_2$$

②将不完全燃烧产生的一氧化碳（CO）氧化为二氧化碳（CO_2）

$$CO \rightarrow CO_2$$

③将未反应的碳氢化合物氧化为二氧化碳和水

$$C_mH_n \rightarrow CO_2、H_2O$$

这种催化剂确实具有优异的性能。但是，日本空气中的氮氧化物浓度并没有像预期那样减少，目前还需要新的氮氧化物净化机制。

另外，三元催化剂需要用到成本高昂的贵金属铂（Pt）和钯（Pd）等。目前人们正在开发使用廉价原料制做而成的新型催化剂。

3-8 灭火器是怎么灭火的?

火灾是很可怕的事故，它会焚毁所有的财产和回忆，甚至夺去生命。如果不幸遇到火灾，首先要拨打119向消防部门报警。但是，在消防员赶到之前只能自己想办法灭火了。这时最可靠的工具就是灭火器。灭火器并不是直接浇水，那它们是用什么原理来灭火的呢?

● 火灾发生的条件

火灾就是物体不受控制地燃烧了。物体燃烧意味着它们被氧化，构成物体的分子与氧气结合。那么，怎样才能扑灭火灾呢?很简单，只要想办法破坏物体与氧气反应所需的条件就可以了。燃烧反应的条件有以下三点:

①有可燃物

②有氧气

③有高温

图3-9 燃烧三要素

①有可燃物

③有高温

②有氧气

在这三个条件中，只要缺少一个，就不会发生燃烧反应，更不会蔓延成火灾了。

● 灭火方法

古装剧中经常出现的江户时代消防员的灭火活动，就是基于条件①来灭火的。他们快速拆除起火点附近的房屋，从而阻止火势的蔓延。尽管这种方法在现代人看来十分匪夷所思，但这确实是真实发生的。

当然，现代消防也没有先进太多，在发生金属火灾时也照样束手无策，只能尽量阻止火势向周边蔓延，所以也可以说和古人的灭火思路是一致的。

一般的火灾则主要基于条件②、③来灭火。最快捷的方法莫过于浇水了，通过水的低温和汽化吸热降低火源的温度（条件③），同时通过液态水和气态水蒸气的屏障使氧气远离火源（条件②）。

图3-10 水的灭火作用

汽化吸热，使得环境温度下降

水蒸气阻绝了氧气与可燃物的接触

水是我们身边最常见也是最重要的灭火物质了。

● 灭火器

灭火器比喷水更专业也更有效。灭火器有很多种，最常见的是干粉灭火器。干粉最初是指碳酸氢钠（$NaHCO_3$）粉末，又称小苏打。小苏打在起火处受热分解产生二氧化碳（CO_2），从而隔绝氧气。

$$2NaHCO_3 \rightarrow CO_2 + H_2O + Na_2CO_3$$
碳酸氢钠　　　　二氧化碳　水　　碳酸钠

但是现在我们常使用的是效果更好的磷酸二氢铵（$NH_4H_2PO_4$）粉末。它分解产生的铵根离子（NH_4^+）和磷酸根离子（PO_4^{3-}）可以有效抑制氧化反应。这种类型的灭火器被命名为"ABC 灭火器"，它能够应对下面的 A、B、C 型火灾，是万能灭火器。

A：纸张、木材等固体火灾

B：食用油、汽油等液体火灾

C：煤气、天然气等气体火灾

另外，还有一类泡沫灭火器。它利用的是小苏打和硫酸铝 [$Al_2(SO_4)_3$] 之间的反应，产生二氧化碳。大量的二氧化碳有发泡作用，可以覆盖火源，隔绝氧气，达到灭火的目的。

$$6NaHCO_3 + Al_2(SO_4)_3 \rightarrow 6CO_2 + 3Na_2SO_4 + 2Al(OH)_3$$
碳酸氢钠　　　　硫酸铝　　　　二氧化碳　　硫酸钠　　　氢氧化铝

3-9 人工降雨撒的是什么?

想必很多人都会在运动会的前一天祈祷不要下雨吧。另一方面,在阴雨连绵的梅雨季节,青蛙欢快地歌唱希望雨水越多越好。雨多、雨少都很牵动人心。进入 21 世纪,日本各地的频繁降雨和局部暴雨之剧烈程度是以往从没有过的,甚至让人感到恐惧。但世界的某些地方,却因雨水不足而遭受干旱。在过去,干旱会直接导致歉收和饥荒;不下雨的时候,人们只能祈祷。

● 降雨的化学

雨是从天上掉下来的液态水。但是,天空中并不是随时都有液态水的。天空中能否形成液态水取决于水的物态变化。物态变化是指固体、液体、气体等物质状态的互变过程。

雨是怎么来的呢? 首先,在 –15℃以下的云中产生小冰粒,冰粒吸收周围的水蒸气变成雪片,然后融化成液体落下。因此,如果祈求降雨,就必须要先在云中形成冰粒。形成冰粒的核心是飘浮在空气中的微小粒子,如被海浪吹起的盐粒或从陆地上产生的沙尘等。这些微粒就是最初的晶核,云中的水蒸气在低温下附着在微粒上结成冰,形成冰粒。

晶核 → 冰粒 → 雪片 → 雨

图3-11 雨的形成过程

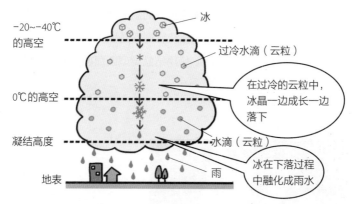

雨水是云中的冰在下落时融化形成的。

人工降雨的化学反应

所以，雨的形成需要晶核和低温的云。发展到一定程度的高积云和层积云的上部温度在0℃以下，但实际上在温度降到-15℃左右之前都是不会结成冰的。这种状态被称为过冷。

但是过冷的状态是不稳定的，如果在过冷水附近喷洒晶核的话，就有可能形成冰粒，继而成长为雪片并最终降雨。这种方法被称为云播种 (cloud seeding)，已经成为现代人工降雨的主流思想。

雨的核心是什么？

那么问题来了，我们应该选用哪些成核物质来进行云播种呢？要放在以前，巫师术士们会一边念咒一边点燃篝火。咒语也许对降雨没有什么作用，但如果点燃了大量的篝火，燃烧产生的烟是有可能到达云层并成为晶核的。

现在的成核材料一般采用干冰（CO_2）和碘化银（AgI）颗粒。通过从飞机上撒干冰的方式来降低云的温度，同时干冰颗粒也起到晶核的作用。为什么要使用碘化银呢？是因为它的结晶类型是六方晶系，与冰晶非常相似。使用结晶类型匹配的成核材料可以更有效地诱导冰晶产生。

图3-12　六方晶系（水晶）

散布晶核的方法，除了使用飞机以外，也有用火箭和大炮发射的。如果是碘化银的话，也有从地面上的发烟炉直接烧成烟状到达云层的。但是，人工降雨将大量的化学物质散布到了环境中，必须做好对环境造成某种影响的心理准备。干冰的危害倒还算小，碘化银可是有微弱的毒性，如果大量摄取的话可能会对人体产生不良影响。

这种时候就不能用人工降雨

万里无云的蓝天！

是嘛？好吧，是因为没有效果吗？

不，是没有水汽呀

2008 年北京夏季奥运会

主体育场

先在别的地方人工降雨，消耗掉水汽，在重要的地方就能放晴了

原来如此

哦~

另外

航迹云就是由飞机尾气中的微粒充当晶核而形成的呀

133

即使安全措施做得再到位，核电站有时还是会不可避免地发生重大事故。其中为人熟知的包括 1979 年美国三里岛核泄漏事故和 1986 年苏联切尔诺贝利核泄漏事故。距离最近的一次是在 2011 年 3 月，日本的福岛第一核电站由于海啸引发了严重泄漏事故。

放射性物质

核电站的核反应堆事故为什么会成为社会问题呢？这是因为核事故会将各种放射性物质大量排放到环境中。其中，半衰期[⊖]较短的碘 –131（半衰期 8 天）会在短期内消失；而半衰期较长的铯 –137（半衰期 30 年）和锶 –90（半衰期 29 年）等，则会长期停留在环境中，并放射出有害辐射。一旦这些放射性污染物泄露，我们必须尽快将它们从环境中清除。去除放射性物质的有效方法有吸附和离子交换两种。

吸附清除法

放射性元素本质上仍属于化学元素。一种元素不能通过化学反应转换成其他元素。放射性元素不管进行怎样的化学反应，都会保持其放射性。含有放射性元素的分子，无论变成什么样的其他分子，放射性也不会就此消失，在新的分子中仍然继续发出危险的辐射。因此，放射性元素的去除是物理层面的去除。将放射

㊀ 半衰期：放射性原子核数衰减一半所需的理论时间。

性元素收集并隔离起来,这种方法就是吸附。

沸石

在各色各样的吸附材料中,沸石是最广为熟知的。沸石不是单指一种具体的化学物质,而是一类多孔材质的矿物。

在使用前,沸石微孔内会被预先填入钠离子(Na^+)、钾离子(K^+)等阳离子。因此,在含有铯、锶等阳离子(Cs^+、Sr^{2+})的废液中加入沸石,沸石微孔中的阳离子和废液中的阳离子就会互换。之后取出沸石并妥善处置,就等于去除了放射性物质。

普鲁士蓝

普鲁士蓝是一种蓝色的人造色素,被发现后常用作墨水使用。但它为人所不知的一面是,普鲁士蓝也是铯元素和锶元素的吸附材料,且吸附性能卓越。普鲁士蓝的化学式十分复杂,它的主要成分是铁(Fe),通式表达为 $Fe(Ⅲ)_xM_y[Fe(Ⅱ)(CN)_6]_z$。其中,$Fe(Ⅲ)$ 和 $Fe(Ⅱ)$ 分别是铁的两种阳离子:Fe^{3+} 和 Fe^{2+}。

这里起到吸附作用的其实是 M,它表示铁元素以外的金属

图3-13 吸附放射性物质

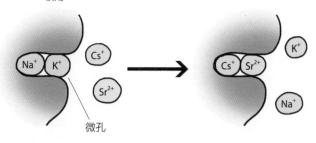

沸石微孔中原本的Na^+和K^+被替换成了放射性的Cs^+和Sr^{2+}。

离子。和沸石的情况一样，这里 M 能与铯离子和锶离子互换。也就是说，把普鲁士蓝做成多孔粒状，或者涂在多孔物体上，然后投入废水中，就能吸附放射性元素了。

● 离子交换清除法

离子交换树脂可以将水中的离子交换成其他离子。离子交换树脂有两种，分别是将水中的阳离子转换成其他阳离子的阳离子交换树脂和交换阴离子的阴离子交换树脂。

其中，阳离子交换树脂可以用于去除放射性物质。因为放射性物质大多在水中以阳离子（M^{n+}）的形式存在。因此，放射性物质可以被阳离子交换树脂捕获，与氢离子（H^{+}）互换。

图3-14　用离子交换树脂去除放射性物质

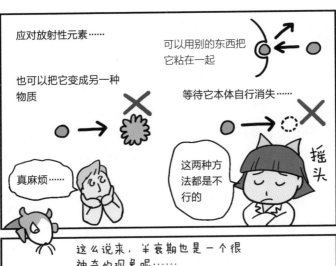

应对放射性元素……

可以用别的东西把它粘在一起

也可以把它变成另一种物质

等待它本体自行消失……

真麻烦……

这两种方法都是不行的

摇头

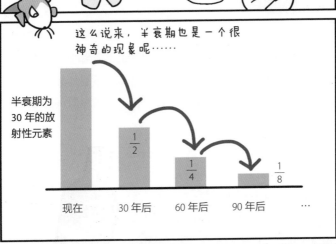

这么说来，半衰期也是一个很神奇的现象呢……

半衰期为 30 年的放射性元素

$\frac{1}{2}$

$\frac{1}{4}$

$\frac{1}{8}$

现在　　30 年后　　60 年后　　90 年后　　…

这样下去，永远也到不了0吧？

确实！

是不是很不合常理……

"恐怖"的 DHMO

氰化钾、河豚毒素、PCB、二噁英……化学中有毒有害的物质有很多。然而，最有害的物质其实是 DHMO。

DHMO 伪装成无色透明、无臭无味的无害外表，但它的凶残本性却让人难以直视。每年它都会夺走数万人的生命。在很多情况下，死者只是偶然吸入了液态的 DHMO。当然，因为气态 DHMO 而失去生命的人也很多，接触固体 DHMO 也会导致皮肤出现重大疾病。

晚期癌症患者的癌细胞组织中有 DHMO 侵入，这是病理学家都知道的事情。不仅如此，DHMO 也是酸雨的主要成分。

虽然 DHMO 如此危险，但它在产业中的重要性越来越大，使用量也越来越大。如此危险的 DHMO，难道我们可以继续放任不管吗？

DHMO 是一种神秘的物质，它的全名是 Dihydrogen Monoxide，即一氧化二氢，化学式是 H_2O。谜底揭晓！DHMO 就是水！○

有害物质？　毒物？

○ 这篇专栏是作者的一个恶作剧，它一味强调水的诸多负面作用，而不提水作为生命之源的重要性。作者意在告诫我们不应轻信单方面的分析，或被谣言和伪科学吓倒。——编者注

第 4 章

推动人类社会进步的化学反应

超过 70 亿人挤在这个狭小的地球上，每天都在消耗着食物、衣物和药物。我们能维持这么多人的生活所需，很大程度上要归功于化学知识和技术。仅靠田园牧歌式的生产方式是不可能养活 70 亿人口的；仅靠天然草药和药用矿物，其疗效也是很有限的。化学给人类社会带来了幸福和进步。

4-1 什么是哈伯-博施法?

地球这个小小的星球能够容纳 70 亿人口和其他数量众多的生命体,可以说有化学的一份功劳。迄今为止,化学引发了一些环境公害事件,使许多生命面临死亡的威胁。但化学确实也在其他方面做出了很大贡献,可以说是功大于过了。

植物的三大营养元素

最典型的贡献之一就是氨气(NH_3)的化学合成。氨气是一种有刺激性气味的气体,它是制作化学肥料的原料。植物生长需要三大营养元素:氮(N)、磷(P)、钾(K)。其中,氮是构建植物组织的重要元素,例如叶子和茎干。无论是蔬菜、谷物还是树木,要想让植物生长茂盛,氮肥是不可缺少的。

氮肥

植物通过根瘤菌的固氮作用,可以自行吸收空气中的氮元素。另一方面,人类发明了化学肥料,合成了硝酸钾(KNO_3)、硝酸铵(NH_4NO_3)等物质来给植物施肥。多亏了这些人造化肥,原本贫瘠的土地也可以种植谷物和蔬菜了,最终得以满足地球上 70 亿人的饮食需求。化学肥料可以说是人类生存的关键。

制作氮肥的基本原料就是氨(即氨气,NH_3)。氨被氧化成硝酸(HNO_3),硝酸和氨反应合成硝酸铵,和氢氧化钾反应合成硝酸钾。

 哈伯-博施法

氨是用哈伯 - 博施法这种方法合成的。这是由两位德国科学家——弗里茨·哈伯和卡尔·博施，于 1906 年开发的合成方法。该方法是让氮气（N_2）和氢气（H_2）直接反应变成氨气，可以说相当高效了。正因如此，该反应的条件非常苛刻，温度需要 200~400℃，压力需要 200~1000 个标准大气压，而且还需要使用铁粉作为反应催化剂。

$$N_2 \; + \; 3H_2 \; \rightarrow \; 2NH_3$$
$$\text{氮气} \qquad \text{氢气} \qquad \text{氨气}$$

通过哈伯 - 博施法合成的氨产量非常大，每年约有 1 亿 6000 万吨，这是一个难以想象的天文数字。据说，地球上所有植物一整年的固氮量加起来为 1 亿 8000 万吨，这么看来你是否体会到了哈伯 - 博施法的威力呢？

但是，为了满足哈伯 - 博施法的合成条件，需要消耗很多能量。另外，作为原料的氮气在空气中取之不尽，而氢气在自然界中几乎是不存在的，所以基本上是通过电解水得到的。

$$2H_2O \; \rightarrow \; 2H_2 \; + \; O_2$$
$$\text{水} \qquad \text{氢气} \quad \text{氧气}$$

利用哈伯 - 博施法合成氨每年要消耗全球约 2% 的能源。在合成氨工业领域投入大量能源，只为给生活在地球上的 70 亿人

口提供粮食。可以说，人类正是依靠着能源才生存下去的。

现在想想，尽管氨气的味道臭不可闻，但我们能够利用氨气来提高粮食产量，这一点不得不归功于哈伯和博施两位化学家呀。

图4-1　哈伯-博施法合成氨气

空气中的氮气，加上电解水得到的氢气，就能合成氨气。

哈伯-博施法的另一面

用哈伯-博施法合成的氨气虽然给人类带来了幸福，但也带来了莫大的不幸——氨气也是制造炸药的原料。作为氮肥使用的硝酸钾以前被称为硝石，是制作火药的重要原料，现在也用于制作烟花中填充的黑火药。同样，另一种氮肥硝酸铵在过去发生过数次惨绝人寰的爆炸事故。另外，将氨气氧化后制得的硝酸可用于制作三硝基甲苯（TNT）和硝化甘油，这些都是现代炸药的核心成分。据说在第一次世界大战中，德军使用的炸药几乎全部都是由哈伯-博施法合成的氨气进一步制作而成的。

此外，现代战争之所以能够大规模、长期地进行下去，也与各国有丰富的氨和硝酸作为物资保障有关。人类为了使粮食增产而开发的科学技术最终被运用到战争中，发明人哈伯和博施是如何看待这一现象的呢？

图4-2　氨气的功与过

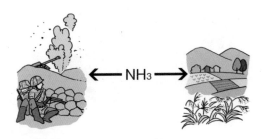

氨气是制作化肥的原料，也是制作炸药的原料。

哈伯和博施的一生

这两位化学家在发明了合成氨方法之后，度过了怎样的一生？毫不夸张地讲，两人的一生都被历史捉弄了。

最开始，两个人都过得一帆风顺。1918 年，哈伯获得了诺贝尔化学奖。但是，哈伯在第一次世界大战中负责德军的氯气研制工作，这演变成了臭名昭著的化学毒气战，造成近百万人伤亡。战后，追究其战争罪行的呼声不断高涨，而且作为犹太人的哈伯也遭到了当时纳粹政权的压迫，最终于 1934 年因突发心脏病在瑞士的一家酒店去世。

博施担任德国化学巨头公司巴斯夫的董事长，于1931年获得了诺贝尔化学奖。但是，反对种族歧视政策的博施同样受到排挤，最后被赶出巴斯夫公司，靠着酗酒度过了失意的晚年。

图4-3　哈伯和博施

哈伯

博施

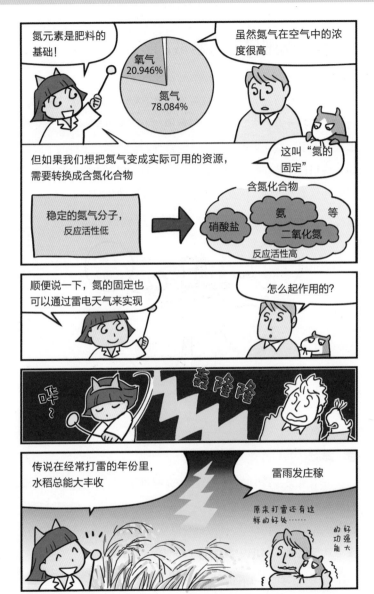

145

化肥是怎么合成的?

如上一节所述，植物生长离不开氮（N）、磷（P）、钾（K）这三大营养元素。人口的激增导致地球上所有可耕种的土地几乎都被开垦了，就连以前被认为不能耕种的荒地如今也种满了农作物。要想让庄稼在贫瘠的土地上充分生长，仅靠土地自身所含的营养元素是不够的。因此，就需要施加额外的化肥。

图4-4　植物所需的元素

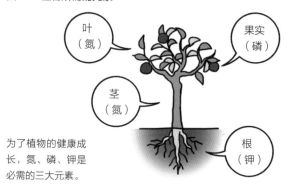

叶
（氮）

果实
（磷）

茎
（氮）

根
（钾）

为了植物的健康成长，氮、磷、钾是必需的三大元素。

● 氮肥

关于氮肥，我们在上一节已经介绍过了，是以用哈伯 - 博施法合成的氨（NH_3）为原料制造而成的。一般来说，氨经过氧化反应生成硝酸（HNO_3），硝酸再与氨反应生成硝酸铵（NH_4NO_3），或与氢氧化钾（KOH）反应生成硝酸钾（KNO_3）。

$$HNO_3 + NH_3 \rightarrow NH_4NO_3$$
　　硝酸　　　氨气　　　硝酸铵

$$HNO_3 + KOH \rightarrow KNO_3 + H_2O$$
　　硝酸　　氢氧化钾　硝酸钾　　水

● 钾肥

　　含有钾元素的化肥有上面提到的硝酸钾。也就是说，硝酸钾既是氮肥又是钾肥。与硝酸钾一起大量使用的是氯化钾（KCl）。但是氯化钾本身也作为天然矿物而大量出产。因此，可以直接从盛产氯化钾矿物的加拿大、西班牙、波兰等国进口氯化钾后提炼加工制成钾肥。

● 磷肥

　　听到磷肥，我们可能会想起堆积在智利海岸的鸟粪化石。但和化石燃料一样，来自古生物的矿产资源迟早会被消耗殆尽。鸟粪化石经过大量开采后也已完全枯竭，不能再用作磷肥了。

　　现在，日本将从中国等地进口的磷矿石进行化学处理，生成磷石灰。磷石灰在化学层面不是单一的纯净物，而是二水合磷酸二氢钙 $[Ca(H_2PO_4)_2 \cdot 2H_2O]$ 和硫酸钙（即石膏，$CaSO_4$）的混合物。

$$Ca_3(PO_4)_2 + 2H_2SO_4 + 2H_2O$$
　　磷酸钙　　　　硫酸　　　　水

$$\rightarrow Ca(H_2PO_4)_2 \cdot 2H_2O + 2CaSO_4$$
　　二水合磷酸二氢钙　　　硫酸钙

生成磷石灰的化学反应是骨头的主要成分磷酸钙$[Ca_3(PO_4)_2]$和硫酸（H_2SO_4）的反应。

● 杂质的用途

在磷矿石中，除了作为肥料的磷酸钙之外，氯化钙（$CaCl_2$）是一种重要的干燥剂。但氟化钙（CaF_2）是没有用处的、必须除去的杂质。然而，除去的杂质就等价于垃圾废弃物吗？其实并非如此。元素参与到不同化学物质中就展现出不同的形态和功能。

从氟化钙中得到的氟，曾经是生产氟利昂的原料。但是，自从氟利昂因臭氧层空洞的问题而被停止生产之后，氟的需求量就急剧减少了。因为氟有预防蛀牙的效果，所以有人提出在自来水中加入氟的方案，但遭到了很多讨厌和害怕氟元素的人的强烈反对。氟只能寻找其他的应用场景啦。

磷肥的化学成分其实是磷酸钙……

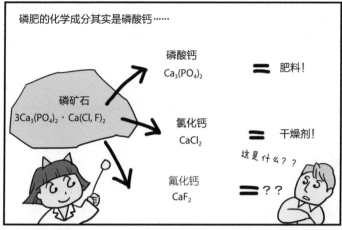

磷矿石
$3Ca_3(PO_4)_2 \cdot Ca(Cl, F)_2$

磷酸钙
$Ca_3(PO_4)_2$

= 肥料！

氯化钙
$CaCl_2$

= 干燥剂！

这是什么？？

氟化钙
CaF_2

= ？？

氟化钙是萤石的主要成分

根据里面所含的杂质不同而呈现出不同的颜色

这属于晶体

漂亮

经过加工后，就变成了珠宝首饰

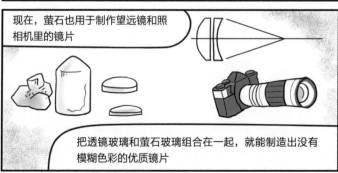

现在，萤石也用于制作望远镜和照相机里的镜片

把透镜玻璃和萤石玻璃组合在一起，就能制造出没有模糊色彩的优质镜片

149

4-3 高分子是怎么合成的?

高分子有像聚乙烯和聚酯（PET）那样加热后变软的热塑性高分子，也有像电子元器件那样加热后不会变软的热固性高分子。它们的结构和制造方法都完全不同。

🔘 热塑性高分子

所有的合成纤维和俗称"塑料"的绝大部分合成树脂都是热塑性高分子。它们的分子结构特征是非常长的链状分子。普通的塑料是由长长的高分子聚集并无序缠绕在一起的，这种状态被称为非晶态。

加热塑料的话，分子链获得能量开始运动，其结果是流动性增强，材质变软，因此被称为热塑性高分子。将柔软的塑料流体倒入模具里冷却，就会变成模具里的形状。这就完成了最简单的塑型工艺，也是热塑性高分子材料的加工特征。

🔘 热塑性高分子的合成

作为典型的热塑性高分子，聚乙烯的合成反应如图 4-5 所示。聚乙烯的英文名称叫 polyethylene，其中 poly 是希腊语前缀，意思是"很多"。乙烯（ethylene）是结构式为 $H_2C=CH_2$ 的有机小分子。换言之，聚乙烯就是由数千个到一万个左右的乙烯分子相互结合而成的高分子。

PET 是一种聚乙二醇酯，以其英文名 polyethylene terephthalate 的缩写而得名 PET。这种材料通过乙二醇和对苯二甲酸两种单体

图4-5 两例热塑性高分子

$$nH_2C=CH_2 \xrightarrow{\text{催化剂}} [H_2C-CH_2]_n$$
乙烯 　　　　　　　　　　聚乙烯

$$H-O-CH_2CH_2-O-H + HO-\overset{O}{\underset{}{C}}-\bigcirc-\overset{O}{\underset{}{C}}-O-H \xrightarrow{-H_2O}$$
乙二醇 　　　　　　　　对苯二甲酸

$$[O-CH_2CH_2-O-\overset{O}{\underset{}{C}}-\bigcirc-\overset{O}{\underset{}{C}}]_n$$
PET 合成纤维

单体小分子通过聚合形成高分子。

分子结合而成。乙二醇是有机醇，对苯二甲酸是有机酸。像图 4-5 中这样，醇和酸脱去水分子之后结合的物质一般被称为酯。因此，PET 合成纤维被称为"聚酯"。

● 热固性高分子

与长链分子结构为主的热塑性高分子完全不同，热固性高分子主要由网状结构组成。这种网状结构在整个物体内延伸开，一个物体就是一个分子。因为分子链被固定在网状结构中，所以即使加热了也不会随意运动，也就不会变软了。

热固性高分子的结构式和合成反应十分复杂，这里只能展示网眼交叉部分的结构。图 4-6 所示的是由苯酚和甲醛合成的酚醛树脂的部分结构。

作为合成原料的甲醛，也是导致"新房综合征"的元凶。从结构上看，酚醛树脂成品中根本不存在甲醛分子。但化学反应不可能都是 100% 进行完全的，极少量的原料有可能在未完全反应的情况下残留在产品中。我认为这是导致"新房综合征"的原因。

图4-6 热固性高分子的结构

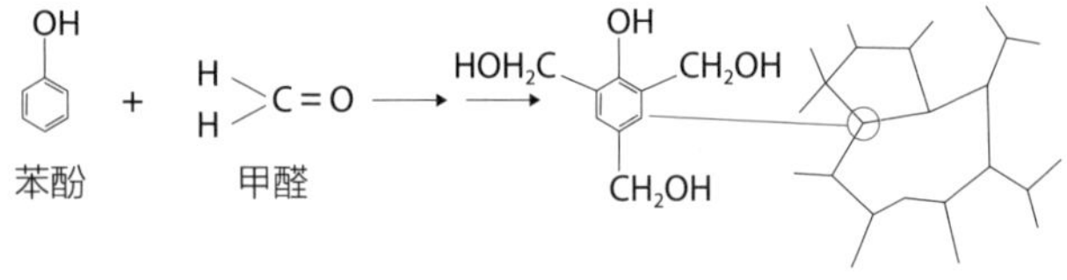

苯酚 + 甲醛 → 热固性高分子

热塑性高分子的结构是长链，热固性高
分子的结构是三维网络。

● 热固性高分子的塑型

如何将加热也不会变软的热固性高分子塑型呢？

这与鲷鱼烧的制作原理相同。先将热固性高分子原料进行预反应，制作成半黏稠状的混合原料。把这样的混合物放进模具里加热，在模具中继续进行聚合反应。等到反应完全后，打开模具盖子就能得到坚固的成品啦。

三聚氰胺树脂是我们生活中常用的热固性高分子之一

餐具

不需要洗涤剂的三聚氰胺清洁海绵

是很便利啊

它由三聚氰胺和甲醛合成

有人曾将三聚氰胺添加到奶粉中，引起了很大的社会问题

MILK

什么？不是喝牛奶的容器，而是牛奶本身？

检验牛奶中的蛋白质成分，主要依据氮元素的含量

一个三聚氰胺分子里含有 6 个氮原子呢

NH_2

H_2N

NH_2

真狡猾？真坏？

你可千万不要去做！

添加到奶粉里使其看起来充满蛋白质

做坏事的人都很聪明啊……

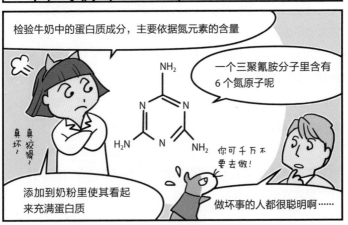

4-4　阿司匹林和柳枝有什么关系？

疼痛时有止痛药，高烧时有退烧药——很少有化学物质能像药物一样让人觉得珍贵。可以说，人类的历史就是与疾病斗争的历史。人类用药物与病魔做斗争。

● 杨柳观音

佛教是目前世界上三大宗教之一，广泛传播于亚洲及世界各地，对许多国家的文化具有深刻的影响。佛的世界里也有如现实一般的职责分工，例如管辖医药、保佑世人消灾祛病的药师佛。在民间人们最熟悉的可能就是观音菩萨了。传说观音菩萨有33种不同的化身，其中一种就是杨柳观音。杨柳观音又称药王观音，左手结施无畏印，右手持杨柳枝。为什么会有杨柳枝呢？

● 柳枝的药理作用

其实，小小的柳枝就有治病救人的功效，古希腊时代的医学家兼哲学家希波克拉底曾提到过这一点。在日本江户时代，患者牙疼时会咬柳枝。19世纪初期，法国化学家热拉尔专门研究了柳枝，并从中分离出药理成分，命名为水杨苷（salicin，拉丁语中柳树的意思）。水杨苷可水解为葡萄糖和水杨醇，而水杨醇容易被氧化从而得到水杨酸这种简单的化合物小分子。

于是，患者不用咬柳枝了，直接服用水杨酸就能使病情好转。但意想不到的事发生了！水杨酸的酸性直接在患者的胃里开了个孔（胃穿孔）。这算是个什么药嘛！

图4-7　水杨酸及其衍生的药物

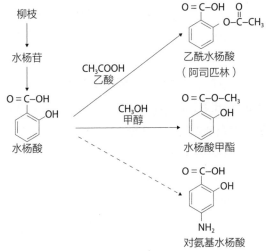

从柳枝中发现的水杨酸是许多优秀药物的前体。

● 阿司匹林的诞生

　　为了缓解水杨酸的胃穿孔副作用，人们尝试了各种改善方法，并在这个过程中发现了乙酰水杨酸。这是由水杨酸和乙酸（实际上是乙酸酐）反应得到的酯。

　　1899 年，德国拜耳制药公司将乙酰水杨酸命名为阿司匹林，并开始商业化销售，由于阿司匹林具有解热镇痛的作用，一时间大受欢迎。从那以后，甚至到了一个多世纪后的今天，"阿司匹林信仰"的风潮仍在蔓延，特别是在美国。美国每年消耗的阿司匹林高达 1.6 万吨，折合成药片约有 200 亿片。

从水杨酸衍生出来的阿司匹林，对于水杨酸来说就像大女儿一样。实际上，以水杨酸为原料诞生出了三种优秀的药物。"二女儿"是通过与甲醇反应生成的水杨酸甲酯，该药作为肌肉消炎药被广泛使用。

"三女儿"是对氨基水杨酸（PAS）。它是治疗结核病的特效药，从1950年开始就在日本广泛使用，尽管这之后有各种各样的抗结核药物被开发出来，但PAS仍然作为治疗结核病的联合药物。PAS并不是由水杨酸直接合成得到的，但在分子结构上属于水杨酸的衍生物。

水杨酸本身也具有护肤和抗痘的功效。另外，它也是常用的食品防腐剂之一。

157

硝化甘油：从"炸药"到"救命药"

一提到炸药，人们第一反应想到的可能是炮弹和枪械。把炸药和战争关联起来，某种意义上或许是理所当然的。然而，炸药并不等同于战争。如果没有炸药，苏伊士运河和巴拿马运河就不可能建成，保护我们免受交通事故威胁的安全气囊也是靠炸药发挥作用的。在突发事件中，液压和气压机根本无法快速响应。

硝化甘油

硝化甘油由硝酸（HNO_3）和硫酸（H_2SO_4）混合作用于甘油而制得。甘油是油脂水解后的产物之一。也就是说，我们平

图4-8 硝化甘油的合成

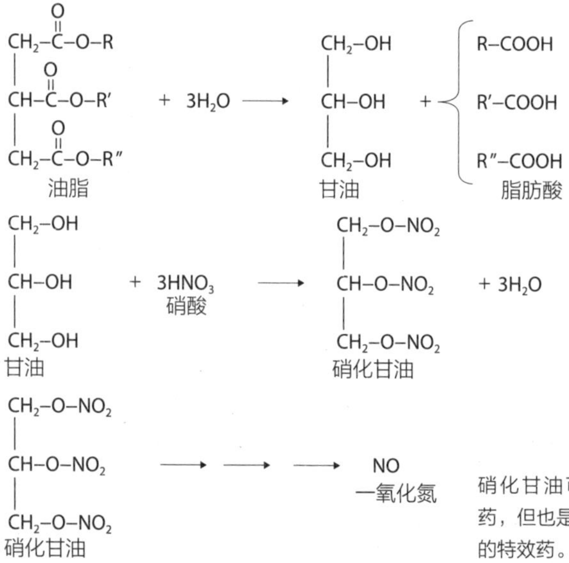

硝化甘油可以制成炸药，但也是治疗心绞痛的特效药。

常食用的油，化学本质是由含有 3 个羟基（—OH）的甘油和脂肪酸形成的酯。

脂肪酸的种类很多，如鱼油中含有的 EPA（二十碳五烯酸）和 DHA（二十二碳六烯酸）。鱼油、牛油、菜籽油、葵花籽油等油脂的区别，主要是脂肪酸侧链的不同，甘油结构是保持不变的。换言之，无论是吃鱼油还是牛油，只要在胃中被水解，都会生成甘油。

炸药

硝化甘油是无色有黏性的液体，密度是水的 1.6 倍。硝化甘油的问题是太不稳定了，不稳定到稍微摇晃一下就会爆炸的地步。

这种东西即使想投入战争中使用，也会在我方的运输车里爆炸！因此，硝化甘油毫无用武之处。将硝化甘油制成炸药的发明人，就是设立了诺贝尔奖的阿尔弗雷德·诺贝尔（Alfred Nobel）。

他利用一种名叫硅藻土的远古藻类化石来吸收硝化甘油。结果，硅藻土里的硝化甘油不管是踩还是拍都不会轻易爆炸，这就是最原始的炸药。当然，使用引线点燃的话，还是能激发出硝化甘油的爆发力！

炸药成了战场上的利器，同时也被广泛应用于土木工程和采矿工程中。我们能看到的大规模土木工程中，无不使用到了炸药来开山破土。

诺贝尔因此收获了巨额财富，他用利息设立了诺贝尔奖，每年的诺贝尔奖评选已成为举世瞩目的焦点事件。在诺贝尔死后，第一届诺贝尔奖颁奖仪式于 1901 年正式举办。

图4-9 炸药

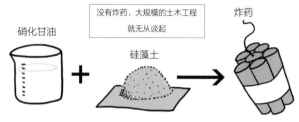

硝化甘油

没有炸药，大规模的土木工程
就无从谈起

硅藻土

炸药

● 心绞痛

硝化甘油对人类的贡献不仅仅是炸药，它还是治疗心绞痛的特效药。这种药效是在炸药制造工厂里被发现的。当时，有个患有心绞痛的工人，每次发病都是在自己家里，从来没有在工厂里发作过。

后来调查发现，硝酸甘油竟有预防心绞痛的效果。后来随着研究的深入，人们发现硝化甘油进入人体内后会转变为一氧化氮（NO）。它能起到扩张血管的作用。

由于这一发现，罗伯·佛契哥特（Robert F. Furchgott）、路伊格纳洛（Louis J. Ignarro）、费瑞·慕拉德（Ferid Murad）等3名研究者获得了1998年的诺贝尔生理学或医学奖。因硝化甘油而设立起来的诺贝尔奖，竟然颁给了硝化甘油的研究成果，这不可思议的机缘真是让人惊叹不已。

蛋白质也能人工合成吗？

70亿人居住在小小的地球上，而且这个数字还在不断增加。动物如果不进食就会死，人类也是一样。人口数量将来很可能会达到80亿甚至100亿，为了让这么多人能够填饱肚子，确保食物供应比什么都重要。

粮食和蔬菜增产需要土地、水和肥料。但是，由于沙漠化问题，可耕种的土地正在减少。消除这些负面因素、支撑增产的功臣就是化学肥料！

渔业是日本的优势领域，但也面临着金枪鱼和鳗鱼灭绝的危机。目前人们正在努力克服这项危机。

纤维素与葡萄糖

危急关头，除了化学肥料以外就没有化学出场的其他机会了吗？当然还会有的。

淀粉产量不足了，我们就应该把目光转向纤维素。淀粉和纤维素都是由葡萄糖构成的，但由于人类没有分解纤维素的酶，因此纤维素不能直接作为食物。

但是，用化学方法将纤维素水解成葡萄糖是很简单的。如果用纤维素合成葡萄糖的话，无论是草还是树，所有植物都可以作为我们的食物了。

从石油到蛋白质

蛋白质也能人工合成啦！蛋白质是由20种氨基酸以特定顺序结合在一起的生物大分子。合成氨基酸不是难事，将这些氨基

图4-10 淀粉和纤维素

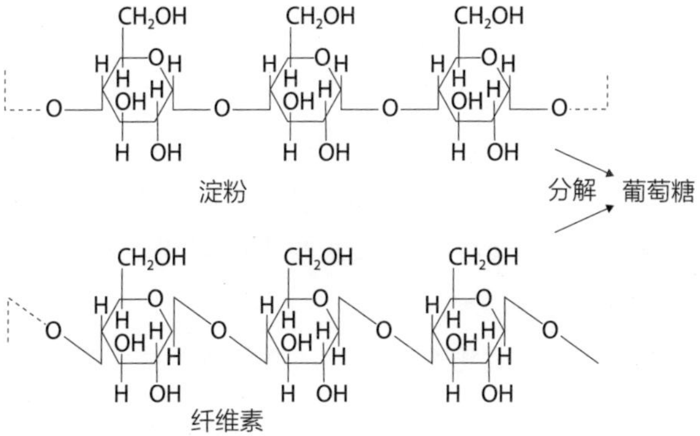

淀粉

分解 葡萄糖

纤维素

淀粉和纤维素水解后都变成葡萄糖。

酸结合成蛋白质的多肽合成也很简单。

当然，还有更简单的方法，那就是利用微生物。比如酿酒的酵母，其重量的90%都来自蛋白质。如果可以从酵母中提取出蛋白质，那这不失为一种高效的蛋白质合成方法。

但是，酵母虽说是微生物，但它的成长也需要食物。这其中，有些酵母是靠吃石蜡成长起来的！这是一种从石油中提取出来的结构简单的碳氢化合物。

也就是说，只要向某些酵母提供石油，就能源源不断地制造出蛋白质。实际上，这种方法在很久以前就已经实际应用了。20世纪60年代，石油蛋白进入商业化阶段：首先被制作成鱼饵，然后又被添加进汉堡肉中。在此过程中，顾客们提出了各种各样的意见。

但是，"石油蛋白"这个名字听起来总是怪怪的。"要让人们吃石油吗？"这类不明就里的意见层出不穷。甚至，由于石油含有微量的致癌性，人们顺其自然地怀疑起了石油蛋白的安全性，所以该项目最终搁浅了。

石油蛋白虽然在日本没有实现，但是在世界其他地方已经商业化了，例如用作家畜饲料。但现在又有论调叫嚣着石油危机，称已经没有多余的石油用来转化为粮食了，反而应该将玉米转化为酒精，作为汽车燃料使用。随之而来的是玉米价格上涨。所以，玉米酒精一事也很难顺利进行。

不管怎么说，生产食物不正是"最能推动人类社会进步的化学反应"吗？

图4-11 人工合成蛋白质

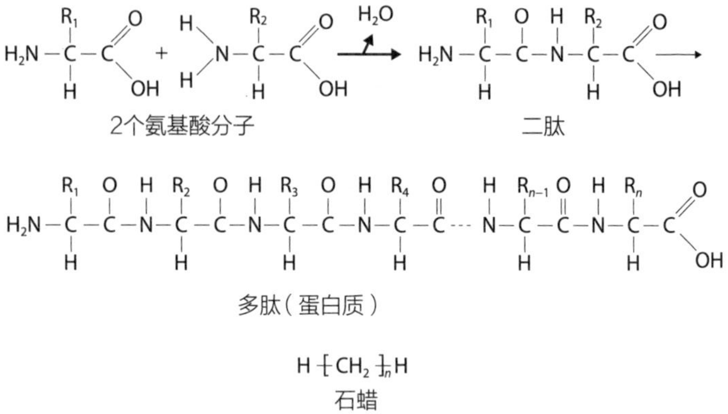

2个氨基酸分子　　　　　　　　　二肽

多肽（蛋白质）

$$H \text{---} (CH_2)_n \text{---} H$$

石蜡

某些微生物以石油（石蜡）为食，将其转化为蛋白质。这也是一种变相的发酵。

4-7 世界上最甜的物质是什么？

说到甜食我们就会想起糖，但甜食不仅仅是糖。蜂蜜是甜的，水果是甜的，番薯之类的蔬菜也是甜的，甚至铅也是甜的（但有毒）！在砂糖尚未普及的时代，人们依靠这些东西获得足够的甜味。而到了现代，我们有了人造甜味剂这种新的物质。

什么是人造甜味剂

水果等天然产物中的甜味来源于葡萄糖和果糖等糖类物质。与此相对，人工合成的甜味物质称为人造甜味剂。

有一种低热量的甜味剂叫作转化糖。这是蔗糖水解后生成的葡萄糖和果糖的混合物，其中的果糖比蔗糖甜度要高，所以转化糖比普通的蔗糖更甜。

但是，果糖的甜度还会随着温度变化而有所不同。在低温时，果糖的甜度增加，而高温时甜度降低。这就是水果冷藏后会变得更美味的原因。

糖精

说到人造甜味剂，我们最先想到的可能就是糖精。糖精是1878年由美国霍普金斯大学的科学家合成出来，并偶然发现其甜味的。糖精的甜度竟然达到了蔗糖的300倍以上。

几乎所有的人造甜味剂都不是人们有意研发出来的，偶然性因素占了很大比例。第一次世界大战期间，糖精大受欢迎。因为在食品匮乏的情况下，这是一种廉价又美味的甜味剂。

但是到了 1977 年，人们怀疑糖精有潜在的致癌性，因此颁布禁令限制糖精的使用。不过，1991 年人们再次为糖精正名，重新作为低热量的甜味剂被广泛使用。

另外关于糖精类似结构的甜精（甜蜜素）毒性一直有争议，目前它在日本是被禁止使用的，但在某些国家是允许使用的。

现代人造甜味剂

现代可以说是人造甜味剂的时代。从饮料的成分表标识来看，阿斯巴甜（200）、安赛蜜（200）、三氯蔗糖（600）等物质的名称随处可见，它们大多是人造甜味剂。括号内的数字表示甜度大约是蔗糖的多少倍。

安赛蜜和阿斯巴甜一起使用的话甜度会增加 40%，而且味道更接近蔗糖，所以很多情况下会同时使用。

阿斯巴甜是由两种氨基酸结合而成的二肽。刚被发现的时候，它可让科学家大吃一惊。因为在此之前，人们根本不认为存在甜的氨基酸类物质。

三氯蔗糖这个名字和蔗糖很像，它的分子结构和蔗糖也几乎一模一样。这是蔗糖分子 8 个羟基中的 3 个被置换为氯的产物。也就是说，三氯蔗糖是含氯有机物，加热到 140℃左右就会分解并产生氯气（Cl_2）。

最近人们又发现了各种各样的人造甜味剂，其甜度也越来越高。现在被认为最甜的化学物质是 Lugduname，学名 N–（4– 氰苯基）–N–（2，3– 亚甲二氧苄基）胍乙酸，据说它的甜度是蔗糖的 30 万倍，但还没有进入实用阶段。要知道 1878 年发现的首个人造甜味剂——糖精的甜度还只是蔗糖的 300 倍，可以说人造甜味剂的甜度在约一个半世纪的时间里增加了1000倍。

今后，人造甜味剂的改良方向应该会转向甜味的品质吧。

图4-12　人造甜味剂

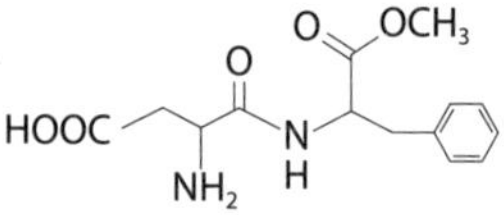

阿斯巴甜

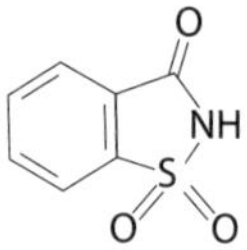

糖精 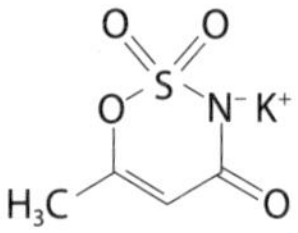　　　　　安赛蜜 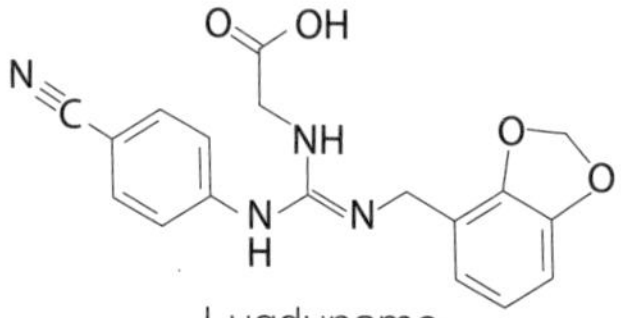　　　　　Lugduname
（已知甜度最高的物质）

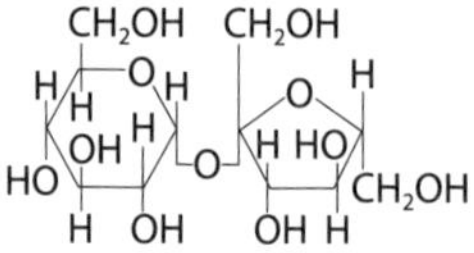

蔗糖 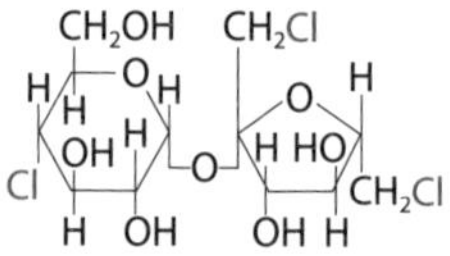　　　　　　　　　三氯蔗糖

人造甜味剂的种类很多，每一种的甜度都比蔗糖要高出几百倍。

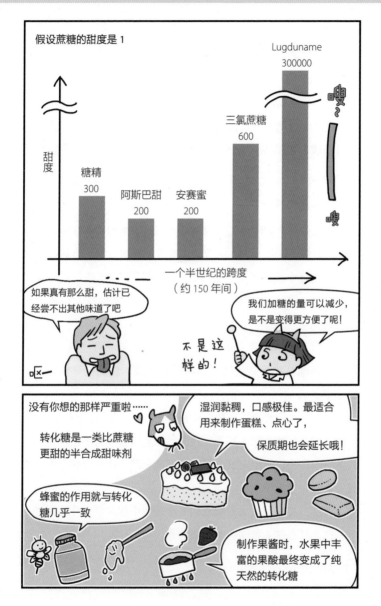

4-8　荧光灯和霓虹灯是怎么发光的?

古人日出而作，日落而息，这样的生活规律还真是让人担心会不会睡眠过剩呢。现代人对于日落后继续活动已是习以为常，专门昼伏夜出的也大有人在。能做到这样，多亏了先进的照明技术。

● 光从何处来

在现代生活的晚上，室内在灯光照射下变得明亮，街道在霓虹灯的衬托下变得绚丽，露营地在篝火的光芒下熠熠生辉。

荧光灯中填充了汞（Hg），通电后就能发出蓝白色的光。另一方面，霓虹灯中填充有氖气（Ne），它在通电后会发出红色的光。

我们知道热能是一种能量，但其实光也是一种能量。例如，太阳能电池是将光直接转换为电能的装置，就能推导出光是能量了吧。

白色的太阳光通过三棱镜会被分光成红、橙、黄、绿、青、蓝、紫这七种彩虹色（图 4-13）。这七种颜色的光具有不同的能量，其大小依次为红＜橙＜黄＜绿＜青＜蓝＜紫。也就是说，红光的能量最低，紫光的能量最高。

当然，如果把这七种颜色的光全部集中起来就会变成白光，所以白光具有这七种颜色的光能总和。

图4-13　分光

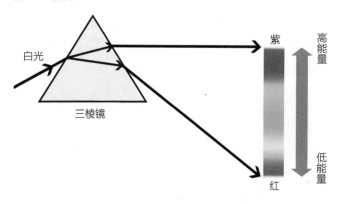

白光（太阳光）通过棱镜后，能分出彩虹的七种颜色。

● 发光的化学反应

光和热都属于能量，如果两者都是通过化学反应释放出来的，那么可以预测其产生机制是相同的。

的确如此，高能量状态（激发态）的原子和分子向低能量状态（基态）转变时，会释放出能量差 ΔE。ΔE 就是发出的光能。

那么，发光的水银和氖气，平时一直保持着高能量的激发态吗？它们是如何释放能量，变成基态的呢？

事实上，水银和氖气平时都处于低能量的基态。在得到 ΔE 的电能后，就会变成高能量的激发态。但是，激发态是不稳定的，它们不可能长时间停留在这种状态。因此，它们很快释放出 ΔE 的能量，回到原来稳定的基态。这就是发光的机制。

基态 + ΔE（电能）→ 激发态 → 基态 + ΔE（光能）

● 发光颜色的差异

　　荧光灯的光是蓝白色的，霓虹灯的光是红色的，这是因为各个原子吸收、释放的能量 ΔE 不同。水银的 ΔE 很大，所以荧光灯会发出蓝白色的光。相比之下，氖气的 ΔE 很小，所以霓虹灯发出红色的光。

图4-14　发光机制

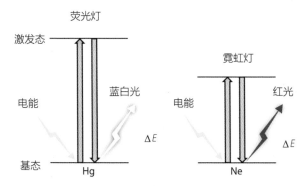

如果能量大，就是蓝光；如果能量小，就是红光。

高

蓝白光

水银
Hg

能量

钠
Na

橙红色光

氖气
Ne

红光

低

烟花也有五彩缤纷的颜色呢

烟花显色的原理和这里讲的发光是一样的

只不过这里不用电能了，烟花的火焰提供了热能

被称为"焰色反应"

但发光的过程是一模一样的哦

173

4-9 偶氮染料有什么优缺点?

同属于生物的人类和其他动物有什么不一样的地方吗? 要说有什么不同, 我们一般会想到智力与文化。但除此之外也有相似的地方, 其中之一就是乐于装扮自己。

染色

装扮自己, 这难道不是人类从远古时期就萌生出来的想法吗? 原始社会的人们把动物毛皮披在身上仅仅是为了保暖和避险吗? 从植物纤维中获得的颜色, 除了白色、黄色、深棕色以外, 还有其他什么颜色呢?

早在 1 万年前, 在拉斯科洞穴和阿尔塔米拉洞穴里, 人们就开始用色彩斑斓的颜料作画了。如此富有艺术天赋的人类, 怎么可能会满足于粗制滥造的简朴服装呢? 中国早在 3000 多年前就开始进行织物的染色了。据说在古罗马时代, 埃及女王克利奥帕特拉的船帆就是用骨螺紫来染色的。

作为装扮自己、象征权威甚至维持国家集团的手段之一, 染色伴随着人类历史一路发展而来。

染料

染色工艺离不开染料。以前的染料只能取自于天然材料, 例如茜草和马蹄莲等植物、蚧壳虫或胭脂红虫等昆虫、骨螺等贝类。但是, 这些染料对染色师傅的经验和专业知识要求特别高。其结果就是, 染色织物具有平民无法负担的高价。

近代涌现出了许多人工合成染料，第一种是 1856 年研制出来的苯胺紫染料。1858 年，格里斯（J.P.Griess）发明了偶氮染料。

图4-15　合成染料

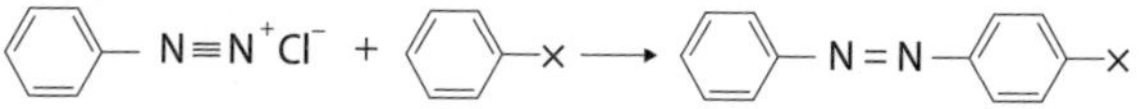

芳香族重氮盐　　　　　　　　　　　　偶氮染料

偶氮染料具有鲜艳的色彩，而且价格便宜，所以很快得到广泛使用。

偶氮染料

合成偶氮染料的反应很简单。一般来说，只要将芳香族重氮盐和其他反应活性较高的芳香族化合物混合，微微加热即可制得。

能够发现如此简单的化学反应是人类的幸事。这种合成方法后来被应用到其他类似的分子上，合成了数不清的颜料和染料。现在，偶氮类色素已经占到现存所有色素的 60%~70%。

偶氮染料的特征是色彩鲜艳。这对于染色而言当然是优点，但某些喜欢天然染料那种柔和色彩的人会认为偶氮染料是肤浅、轻佻的颜色。

颜色喜好纯属个人想法，怎么说都行。而偶氮染料的决定性优点是价格便宜，这使得偶氮染料得以大规模生产，完胜其他类型的染料。

偶氮染料的另一个优点是简化了染色技术。很多天然染料本身与纤维的结合能力很弱，往往需要添加明矾（铝离子）或灰泥（铁离子）作为媒染剂。相比之下，偶氮染料只靠自己的力量就能与纤维牢牢结合。

基于以上这些优点，偶氮染料不仅用于纤维的染色，还作为涂料、印刷油墨甚至食品色素被广泛使用。但是，随着芳香族（主要是苯系化合物）的致癌性问题，一部分偶氮染料逐渐淡出了我们的日常生活。目前剩下的染料都通过了安全检查，是无毒无害的化学物质。

图4-16　直接染料与间接染料

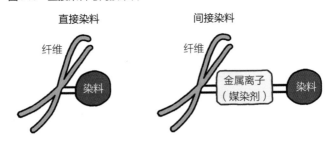

与纤维直接结合的是直接染料，以金属离子等作为结合介质的是间接染料。

4-10 为什么水泥遇到水就会变硬?

古希腊和古罗马建筑主要是用石头建成的,而现代建筑,无论是大楼、桥梁还是水坝,除了木质结构外,都是用混凝土建造的。混凝土,是一种由水泥粉和碎石混合后加水制成的建筑材料。

水泥的制作方法

首先,我们来看看水泥的制作方法。制作水泥的原料有石灰石、黏土、硅酸、氧化铁等。将这些混合物投入被称为回转窑的烧窑中加热到 1500 ℃左右,然后迅速冷却,就会形成拳头大小的块状物。这被称为熟料。在熟料中加入 2%~3% 的石膏,粉碎后就是水泥了。

石灰石的主要成分是碳酸钙($CaCO_3$),在热分解过程中变成氧化钙(生石灰,CaO)和二氧化碳(CO_2)。水泥产业被称为"二氧化碳排放产业",正是因此而来。

$$CaCO_3 \quad \rightarrow \quad CaO \quad + \quad CO_2$$

碳酸钙　　　氧化钙(生石灰)　　二氧化碳

混凝土的制作方法

将水泥、砂子和水混合后凝固而成的东西叫作砂浆。与此相对,将水泥、砂子、碎石和水混合后凝固而成的东西被称为混凝土。

把混合好的灰色泥浆放入模具中静置,凝固后就制成了混凝土。那么，混凝土为什么会固化呢？

是因为原先泥状材料中的水蒸发而凝固吗？现代混凝土材料的凝固过程很快，差不多过一天就会凝固。水能蒸发得这么快吗？即使表面凝固了，内部不应该还是黏稠的吗？

● 水泥的硬化反应

事实不是这样的哦。混凝土不会因为水蒸发了而凝固。相反，凝固发生需要水的存在。掺进去的水不仅不会蒸发，还会成为混凝土的一部分。如前所述，水泥中含有生石灰，加水后就会得到熟石灰。它与水泥中的主要成分——二氧化硅（SiO_2）发生反应，生成硅酸钙。

硅酸钙中的硅酸基团之间会形成交联结构。正因此结构，整个混凝土就像坚硬的石头一样凝固。

CaO	+	H_2O	→	$Ca(OH)_2$
生石灰		水		熟石灰（氢氧化钙）

图4-17　硅酸钙的交联结构

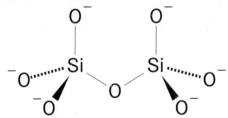

硅酸钙通过硅酸基团之间的交联结构形成大分子，最终形成坚硬的混凝土。

混凝土的弱点

混凝土就是利用上述的化学原理实现硬化的。但令人遗憾的是，现代的混凝土并不像石头那样坚固。通常情况下，混凝土建筑的设计使用年限在 50 年到 100 年之间。混凝土消亡是日积月累的过程，水和盐分侵蚀建筑表面形成裂缝，然后渗透进去，混凝土就这样被逐渐腐蚀和风化。到达设计使用年限后，需要由专业的机构对建筑进行检测和评估，并根据结果进行相应的修补或拆除工作。

图4-18　混凝土建筑的寿命

以威严、美观著称的东京都厅大楼，100年后也会……

出人意料的是，现在的混凝土无法长久地维持……

上千年前造出的石头建筑，至今尚存……

现在造的桥梁等大型建筑，总有一天会腐朽倒塌的

如果不修补的话，只能重建新的了

之前用作印刷的酸性纸，最后终将破碎

槽了

ERROR

上面记载的数据也会随之消失

等到千年之后，我们现在的文明可能压根不会留下任何痕迹了

啊

古希腊的名言

石头比铁器强，歌声比石头强

看来你已经完全洞悉当下的局面了

最后能留给后人的，只剩下文学和艺术作品了

用于制作炸药的危险化学品

说到炸药，我们就会想到硝化甘油和三硝基甲苯（TNT）。两者名字里带"硝"是因为都含有硝基（—NO_2）。该官能团中含有的氧元素在剧烈燃烧（爆炸）起到了一定作用。因此，分子内的氧含量越大，炸药的威力就越大。

日俄战争时，日本海军使用的是以研发者名字命名的"下濑火药"，主要成分是三硝基苯酚，又称苦味酸。日本海军之所以在日俄战争中得以歼灭俄罗斯的波罗的海舰队，下濑火药在这其中功不可没。

但是，苦味酸有一个致命缺点，那就是它能和金属反应，生成爆炸性很强的有机盐。也就是说，过期的炮弹一旦受到冲击就会自爆。为了避免发生此类事故，炮弹内部必须涂上漆，然后涂上凡士林，最后装填火药，这无疑使得苦味酸的使用过程变得非常麻烦。

基于这样的顾虑，苦味酸最终被 TNT 所取代。苦味酸具有消毒和硬化蛋白质的作用。在我的学生时代，做实验时若被苦味酸烧伤，皮肤就会变成黄色。同学们常开玩笑，说苦味酸的黄色酒精溶液"一碰就会爆炸"，但也从没听说过有人因此而被炸伤手指。

TNT　　　　　　苦味酸

第 5 章

暗藏危险的
化学反应

我们日常生活中能接触到很多化学物质。化学物质的特征就是会发生化学反应。有些化学反应是有用的，但也有些反应是暗藏危险的。问题在于，我们并不知道何时何地会发生危险的化学反应。因此，我们可能因这些反应而受伤，有时甚至会危及生命。这些危险的化学反应是如何发生的呢？

5-1 漂白剂的危险化学反应

"严禁混用"是处理化学物质时需要注意的原则之一。在现代家庭中随处可见很多化学物质，如家务中常用的漂白剂。如果使用方法不当，漂白剂也会发生危险的化学反应，产生剧毒的气体。

● 漂白剂的危险

家庭用的漂白剂主要是氧化性漂白剂。大多数氧化性漂白剂的成分中都包含次氯酸钾（$KClO$）。次氯酸钾有产生氯气（Cl_2）的潜在能力。氯气是一种淡绿色的气体物质，同时也是非常危险的剧毒气体，在第一次世界大战中被用作毒气武器，其毒性之强由此可见一斑。

● 含氯有机物

一战后期，各国都开始生产氯气，全世界的氯气生产量一下子就增加了 100 倍。但是，战争结束后氯气又变得毫无用处了。好不容易制造出来的氯气能否被利用呢？氯化学相关的研究开始盛行。

氯元素参与到了新式杀虫剂的制作之中，人们开发出了诸如 DDT 和 BHC 等有机氯类杀虫剂。前文提到的 PCB 也是一种含氯有机物。当然，剧毒的二噁英也是含氯有机物，尽管我们并不想有意合成出它。

氯气对人有毒害作用，对细菌也是如此。所以氯气理所当然成了消毒剂，尤其是在城市供水体系中发挥着重要作用。自来水的消毒剂一般采用的是次氯酸钙［$Ca(ClO)_2$］，其中的次氯酸根（ClO^-）可以生成氯气。

图5-1　有机氯类杀虫剂的结构

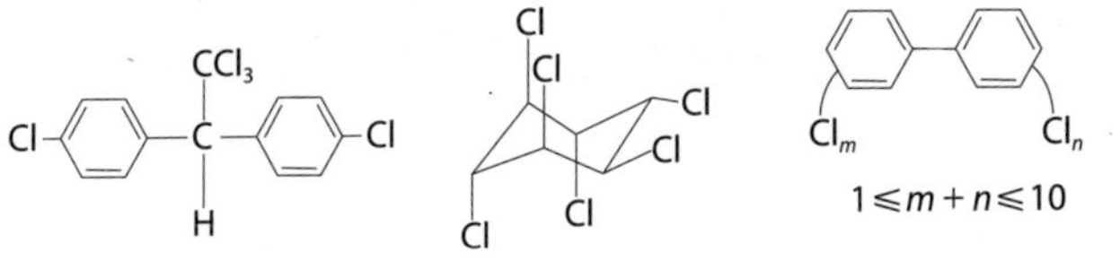
CCl3
Cl
C
Cl
H
Cl
Cl
Cl
Cl
Cl
Cl
Clm
Cln
1≤m+n≤10

DDT　　BHC　　PCB

有机氯类杀虫剂会永远残留在自然环境中，所以现在已被禁用。

从漂白剂生成氯气的反应

在以次氯酸钾为主要成分的漂白剂中加入酸的话，会发生下列化学反应从而产生氯气。

$$KClO + 2HCl \rightarrow KCl + H_2O + Cl_2$$

次氯酸钾　盐酸　氯化氢　水　氯气

为了便于理解，我们使用了结构最简单的盐酸（HCl）作为反应物。在该反应中无论加入哪种酸，都能进行相同的化学反应。也就是说，只要在氧化性漂白剂中加入酸，最后都会产生氯气，这与战场上使用的毒气完全相同。没有人能受得了氯气的侵害，如果在厨房或浴室等狭小密闭的空间里持续吸入氯气，会导致危险的后果，甚至丧命。其实，社会上已经发生了好几起类似事故，有些当事人虽然保住了性命，但却永久失明。

混用的危险：漂白剂和洁厕灵

外行人很难了解日常生活用品中的化学成分，但其实在容器表面都有明确标注。我们在使用前一定要先看一眼，以杜绝不必要的安全隐患。

说到洗涤剂，我们就会想起和漂白剂一起使用的洗衣液。目前的洗涤剂几乎都是中性洗涤剂，很少有酸性的。但是洗涤剂不仅仅可以用来洗衣服，也有一类厕所专用的洗涤剂。

厕所里的污垢一般是碱性的。要去除这些污渍，就必须使用酸性的洁厕灵，所以很多厕所专用的洗涤剂都含有盐酸。将这种洁厕灵和氧化系漂白剂混用的话，就会发生上述化学反应并产生氯气。

该化学反应一旦进行，就很难中途停止，直到反应物全部被消耗为止。因此便会产生大量氯气。

图5-2　别混用！有危险

日常化学用品随意混用会导致危险，千万要注意！！

化学反应有什么可怕的?
它意味着"一旦发生反应,就很难停止"

原来如此

使用各种洗涤剂和漂白剂的家庭主妇们,从某种意义上来说她们每天都在做化学实验!

卡尔的母亲

回到家乡

你……

作为一个化学工作者,为了让她们有警觉性……

每天都穿上白大褂吧!

呵呵呵呵~

看

喂喂

可是我更想穿和服

不行!

那样可太不专业了

187

5-2 强酸的危险化学反应

如果一听到"酸""碱"就能联想到不安全的状态，那是正确的反应。如果你觉得酸性或碱性物质十分危险的话，有意识回避它们是明智之举。

身边的酸性物质

那么，我们在日常生活中会接触到酸吗？我们在科学课或化学课上学到的酸有盐酸（HCl）、硫酸（H_2SO_4）、硝酸（HNO_3）等，但是在家里几乎不可能找到贴有这些标签的瓶子。如果就此认为普通家庭里没有酸，那就大错特错了。虽然我们不会接触到纯酸，但是含酸的混合物有很多。比如厕所专用的洗涤剂，它们大多含有盐酸。另外，用作调味料的醋是浓度 4% 左右的醋酸水溶液。醋酸是一种有机酸。最近流行在洗涤剂中加入柠檬酸，这也是一种酸。柠檬酸还是许多水果的酸味来源，柠檬和梅干中都富含柠檬酸。

图5-3 身边的酸

普通家庭里有很多酸。除了醋以外，还有酸性的柠檬和梅干。

● 　酸的危险性

　　硫酸或硝酸沾到身上会导致化学灼伤，危险性不言而喻。一般家庭是不可能接触到这些强酸的。但是，意外事故还是有可能发生的。

　　在所有酸中，氢氟酸（HF）特别危险，不，是极其危险！氢氟酸有很强的腐蚀作用，甚至能使玻璃融化。当它沾染到皮肤表面时，它会迅速渗透到体内，与细胞内的钙元素发生反应，产生氟化钙（CaF_2）。这种不溶性的结晶会刺激神经，产生剧烈疼痛。另外，由于体内的钙不足，为了补充被消耗掉的钙，骨质开始自发溶解，进而引发十分悲惨的症状。

　　氢氟酸曾导致了严重的事故。2012 年 9 月的韩国，一辆罐车在将氢氟酸转移到储罐的过程中，泄漏了 8 吨氢氟酸，造成了5 人死亡、4200 人受伤的重大事故。

● 　混用的危险

　　前文说过，氧化性漂白剂和洁厕灵混在一起会产生氯气。将含有次氯酸的溶液与家用的酸性物质混在一起也有可能产生氯气。

　　用管道清洁剂清理空调的时候，排水口会发出"咕嘟咕嘟"的声音，还会冒出类似烟雾的东西。如果这时候再用白醋清洗一遍的话，两种废水混在一起就会产生氯气。这是因为管道清洁剂中含有次氯酸。

　　除霉洗涤剂中也含有次氯酸。在浴室喷洒除霉洗涤剂后，有时还会喷上醋进行中和，但此时如果关着窗户的话可能会发生危险。

保存用剩的酸时，一定要注意容器。如果将酸放在铝罐中，铝（Al）会和酸反应产生氢气（H_2）。密封罐内的压力不断升高，就很有可能发生爆裂。

$$2Al + 6HCl \rightarrow 2AlCl_3 + 3H_2$$

铝　　　盐酸　　　氯化铝　　　氢气

化学物质要固定存放在它原本的容器中，不能随意更换，这一点要牢记哦。

图5-4　更换容器是不行的！

酸

铝罐

PET塑料和铝等容器材料也都是化学物质。不要忘了所有的化学物质之间都可能会发生特定的化学反应！

5-3 强碱的危险化学反应

在化学上，碱是与酸对立的概念。有一种酸碱理论认为，凡是在水中电离释放氢离子（H^+）的就是酸，释放氢氧根离子（OH^-）的就是碱。水能同时释放两者，所以被称为两性物质。

● 身边的碱

我们身边的酸性物质无处不在，但碱性物质很难找到。教科书上关于碱的例子也只有肥皂和草木灰。

肥皂的主要成分是从油脂中得到的脂肪酸（R—COOH）和氢氧化钠（NaOH）反应后得到的脂肪酸钠（R—COONa）。它溶于水后会释放氢氧根离子（OH^-）。

$$R—COOH + NaOH \rightarrow R—COONa + H_2O$$
脂肪酸　　氢氧化钠　　脂肪酸钠　　水

$$R—COONa + H_2O \rightarrow R—COOH + Na^+ + OH^-$$
脂肪酸钠　　水　　　　脂肪酸　　钠离子　氢氧根离子

现在的洗涤剂大部分都是中性洗涤剂，不是碱性的。灰汁是浸渍了草木灰的碱性水溶液，现在家庭中是不是很少见到草木灰了呢？

图5-5　身边的碱性物质

肥皂

灰汁

强碱会腐蚀蛋白质，对待碱性物质应该小心谨慎。

危险的碱

那么，一般家庭中到底有没有碱呢？其实，有些家用洗涤剂和清洁剂是弱碱性的。而另一类我们不常接触到的商用强力洗涤剂，可是有着相当强的碱性。

酸和碱哪个更危险？在这个问题中，物质浓度起到了关键作用，所以不能一概而论。但是，在比较强酸和强碱时，我们一般会觉得强碱更可怕。因为强酸可以使皮肤中的蛋白质变性，凝固的蛋白质形成保护层阻止酸液的进一步渗透；而强碱却能溶解蛋白质，增强碱液的渗透力。

有些温泉被称为"美人汤"，但即使泡了"美人汤"也不会变得更美，它只会让皮肤变得柔软。有上述噱头的温泉大多是弱碱性温泉，在泡澡时碱会溶解皮肤表面的污垢和角质，使其变得滑腻。

如果不慎将强碱弄进眼睛就麻烦了！一旦角膜溶解就会有失明的危险。这时候不要卖弄什么加酸中和之类的半生不熟的化学知识。直接用大量清水冲洗，并尽快去医院才是正确操作。

碱的危险反应

2012 年 10 月，东京地铁车厢内突然发生爆炸事故。车内一片哗然，约 10 名乘客被救护车送往医院，所幸只是轻伤。

原因追溯到一名女乘客携带的铝制饮料罐上。装饮料的铝罐不可能爆炸，但当时铝罐中装的液体可不是饮料这么简单。女乘客在打工地点了解到了商用洗涤剂的强大威力，打算在自己家里使用，于是就装了一些进铝罐里。

商用洗涤剂是一种强碱。

而铝是一种特殊的两性金属。它既能与酸反应，也能与碱反应。铝金属与碱的反应如下式所示，可以看到该反应产生了氢气。在密闭的罐子里氢气无处可去，积攒到一定程度后使罐子爆裂。

$$2Al + 2NaOH + 6H_2O \rightarrow 2Na[Al(OH)_4] + 3H_2$$

金属铝　　氢氧化钠　　水　　　　四羟基合铝酸钠　　氢气

图5-6　碱的危险反应

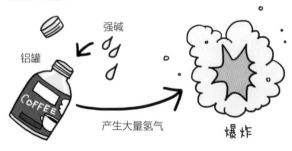

铝是一种特殊的金属，接触到酸或碱都会发生反应。千万注意！

5-4 氧化剂的危险化学反应

具有氧化能力的化学物质，一般称为氧化剂。相反，具有还原能力的化学物质就叫作还原剂。氧化剂、还原剂是化学反应中重要的概念，但在一般家庭中很少出现。话虽如此，我们也不是完全接触不到。生活中常见的氧化剂有消毒剂、漂白剂、化肥等。氧化反应过程剧烈而危险，所以氧化剂也是一类危险的化学物质。

● 消毒剂

过氧化氢是一种典型的氧化剂。其中浓度 2%~3% 的过氧化氢水溶液被称为"双氧水"，常作为消毒水使用。以前人们在家里还常备双氧水，但现代开发出了更方便更有效的新型消毒剂，双氧水也就逐渐从普通家庭里消失了。

过氧化氢的氧化能力很强，如果在使用过程中发生意外将十分棘手，在此不作展开讨论。过氧化氢也可以用来合成一些危险性产品，在化工领域作用颇多。

图5-7 消毒剂

消毒剂本质上就是杀死细菌等病原微生物的制剂。

$$H_2O_2 \quad \rightarrow \quad H_2O \quad + \quad [O]$$

过氧化氢　　　　　　水　　　　　　　活性氧
　　　　　　　　　　　　　　　　　　具有强氧化性

● 漂白剂

次氯酸钾是一类氧化性漂白剂，这在第 5-1 节中已经介绍过了。类似的物质还有次氯酸钠（NaClO），它会发生下面的反应：

$$NaClO \quad \rightarrow \quad NaCl \quad + \quad [O]$$

次氯酸钠　　　　　氯化钠　　　　　活性氧
　　　　　　　　　　　　　　　　　　具有强氧化性

因为能产生活性氧，所以次氯酸钠也就具有了杀死细菌的能力，和过氧化氢一样有杀菌消毒作用。于是，某些厂商推出了一种称为"空间除菌剂"的产品：把次氯酸钠用无纺布包起来，做成药包挂在脖子上；戴上它，就能杀灭自己周围的细菌。

但是，人们在使用这种产品时一旦出汗了次氯酸钠就会溶化，反应放热引起的高温可能导致烫伤，日本消费者厅曾呼吁停止使用。

● 化肥

氮肥是常见的三种化肥之一，有硝酸钾（KNO_3）和硝酸铵（NH_4NO_3）等。

硝酸钾古称"硝石"，是一种火药原料，用于炮弹的发射推进。硝酸钾分解后会产生氧气，它和木炭、硫黄混合后可以剧烈燃烧，因此成为一种炸药配方。此外，它还被当作消毒剂使用，在腌制猪肉时可以消灭肉毒杆菌（一种极易在肉上滋生的细菌）。添加了硝酸钾的肉类加工品会变成独特的桃红色，这就是火腿在加热后也能保持鲜红的原因。

硝酸铵则很容易产生剧烈的爆炸，历史上有好几起有名的爆炸事故与此有关。

● 奥堡工厂爆炸事故

1921年，在德国奥帕乌地区的奥堡工厂内存放的4500吨硝酸铵、硫酸铵混合肥料发生爆炸，最终造成了500~600人死亡、2000多人受伤的大惨案。现场甚至出现了直径100多米的大坑。

● 得克萨斯城港口爆炸事故

1947年，在美国得克萨斯州的得克萨斯城，一艘停泊在港口的蒸汽船发生火灾，随后船上装载的2300吨硝酸铵化肥被引燃并爆炸，致使581人死亡，方圆1.6千米以内的建筑物全部倒塌。

图5-8　有些化肥是有爆炸性的

硝酸铵
NH₄NO₃

爆炸！！

硝酸铵在历史上曾导致多起爆炸事故。

5-5 危险的爆炸反应

水在低温下是固态的冰，在室温下是液态水，在高温下是气态的水蒸气。像这样，物质在不同的温度和压力下呈现出的固态、液态或气态等状态被称为物态。

升华

冰加热后会变成液态，再加热就会变成气态。但是，放在衣柜里的樟脑丸虽然也是固态，但不知不觉间就会消失。樟脑丸从固态直接变成气态，中间不经过液态，这种物态变化被称为升华。

图5-9　物态变化

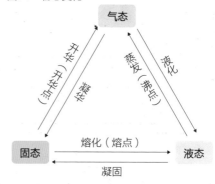

物质从固态变成气态后体积会增大数百倍。

冰也会升华，将含水物料冷冻到冰点以下，使水转变为冰，然后在较高真空下将冰直接升华而除去水分的干燥脱水的过程被称为冷冻干燥。试想一下，如果通过加热使咖啡中的水分蒸发，就必须把咖啡加热到100℃以上，这时候咖啡的香味也会随之消散。但利用冷冻干燥的话，不用加热只通过升华也能除去水分。

干冰

容易升华的物质包括干冰。干冰是固态的二氧化碳（CO_2）。用干冰制冷很方便，但是使用不当的话是非常危险的。

使用干冰时二氧化碳会重新变成气体。固体变成气体时，体积会剧烈膨胀。气态二氧化碳的体积足足是同等质量干冰的 750 倍。如果干冰在狭小的空间内升华，二氧化碳浓度会快速上升。

大家都知道，一氧化碳是一种会导致中毒的危险气体。与此相对，二氧化碳的毒性似乎不太为人所知。其实二氧化碳也有可能夺走生命。

例如，当二氧化碳浓度为 3%~4% 时，人会感到头痛、头晕、恶心；浓度超过 7% 时，人会在几分钟内失去意识。然后，呼吸停止并死亡。

假设汽车的车内空间为 4 立方米，只需要 500 克左右的干冰升华成气体，车内的二氧化碳浓度就会达到 7%。干冰是一种意想不到的危险物品呀！

爆炸的危险性

干冰的危险不仅仅在于它会让人中毒麻痹。固体变成气体时的体积膨胀还可能会导致爆炸。把干冰碎片放进封口的纸袋里就知道了。不久后袋子就会鼓胀，最终破裂开来。用纸袋装干冰只是破掉而已，但如果是玻璃瓶呢？

装了干冰的玻璃瓶会爆炸。实际上，有因为这样的行为而使人受伤甚至丧命的例子。如果能接触到干冰的话，我们绝对不能大意。

图5-10 干冰的危险性

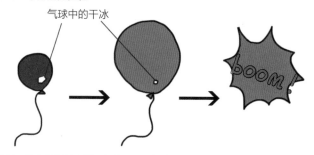

气球中的干冰

干冰是一种方便的制冷剂,但也是一种危险的物质。

产生气体的反应

干冰产生气体是由物态变化引起的,但气体也可以通过化学反应产生,而且还是我们身边常用的化学物质之间的反应!

最近很流行在厨房里使用含有小苏打(碳酸氢钠,$NaHCO_3$)的去污产品。微波炉和浴室的顽固污垢在小苏打作用下更容易被清除。另外,为了让小苏打更有效地发挥作用,商家还推荐了用醋溶解小苏打的配方。

醋是乙酸(CH_3COOH)的水溶液。另外,洁厕剂中也含有盐酸(HCl)。不管是什么样的酸,在酸性溶液加入小苏打会产生二氧化碳气体,所以需要注意。

$$NaHCO_3 + HCl \rightarrow NaCl + H_2O + CO_2$$

碳酸氢钠   盐酸   氯化钠   水   二氧化碳

参 考 文 献

『よくわかる太陽電池』　齋藤勝裕 / 著（日本実業出版社、2009 年）

『気になる化学の基礎知識』　齋藤勝裕 / 著（技術評論社、2009 年）

『科学者も知らないカガクのはなし』　齋藤勝裕 / 著（技術評論社、2013 年）

『へんな金属 すごい金属』　齋藤勝裕 / 著（技術評論社、2009 年）

『へんなプラスチック、すごいプラスチック』　齋藤勝裕 / 著（技術評論社、2011 年）

『ふしぎの化学』　齋藤勝裕、安藤文雄、今枝健一 / 著（培風館、2013 年）

『最強の毒物はどれだ？』　齋藤勝裕 / 著（技術評論社、2014 年）

『マンガでわかる有機化学』　齋藤勝裕 / 著（SB クリエイティブ、2009 年）

『知っておきたいエネルギーの基礎知識』　齋藤勝裕 / 著（SB クリエイティブ、
　　2010 年）

『知っておきたい太陽電池の基礎知識』　齋藤勝裕 / 著（SB クリエイティブ、2010 年）

『知っておきたい有害物質の疑問 100』　齋藤勝裕 / 著（SB クリエイティブ、2010 年）

『基礎から学ぶ化学熱力学』　齋藤勝裕 / 著（SB クリエイティブ、2010 年）

『知っておきたい有機化合物の働き』　齋藤勝裕 / 著（SB クリエイティブ、2011 年）

『知っておきたい放射能の基礎知識』　齋藤勝裕 / 著（SB クリエイティブ、2011 年）

『マンガでわかる無機化学』　齋藤勝裕、保田正和 / 著（SB クリエイティブ、2014 年）

『カラー図解でわかる高校化学超入門』　齋藤勝裕 / 著（SB クリエイティブ、
　　2014 年）